核心课程+教学项目

计算机网络技术专业课程改革成果教材

网络管理与维护综合实训

Wangluo Guanli yu Weihu Zonghe Shixun

浙江省教育厅职成教教研室　组编

高等教育出版社·北京
HIGHER EDUCATION PRESS　BEIJING

内容提要

本书是中等职业教育计算机网络技术专业课程改革成果教材，根据浙江省“中等职业学校计算机网络技术专业教学指导方案与课程标准”编写而成。本书用日常工作和生活中常见的案例引导知识，培养读者灵活运用网络知识解决实际问题的能力。全书主要内容包括简单组网项目实训、中小型局域网交换项目实训、网络路由实训、中小型局域网操作系统实训4个实训项目和一个综合项目实训。

本书配套学习卡网络教学资源，使用本书封底所附的学习卡，登录http://sve.hep.com.cn，可获得相关资源。

本书适合作为中等职业学校计算机网络技术专业的教材，也可以用作相关认证考试培训班的参考教材。

图书在版编目(CIP)数据

网络管理与维护综合实训/浙江省教育厅职成教教研室组编. —北京：高等教育出版社，2011.8
ISBN 978-7-04-032447-1

Ⅰ.①网… Ⅱ.①浙… Ⅲ.①计算机网络-管理-中等专业学校-教材 ②计算机网络-维修-中等专业学校-教材 Ⅳ.①TP393.07

中国版本图书馆CIP数据核字（2011）第156482号

策划编辑 萧 潇　责任编辑 萧 潇　封面设计 张 志
版式设计 马敬茹　责任校对 金 辉　责任印制 朱学忠

出版发行 高等教育出版社
社　　址 北京市西城区德外大街4号
邮政编码 100120
印　　刷 涿州市京南印刷厂
开　　本 787 mm × 1092 mm 1/16
印　　张 14
字　　数 330千字
购书热线 010-58581118
咨询电话 400-810-0598
网　　址 http://www.hep.edu.cn
　　　　 http://www.hep.com.cn
网上订购 http://www.landraco.com
　　　　 http://www.landraco.com.cn
版　　次 2011年8月第1版
印　　次 2011年8月第1次印刷
定　　价 25.20元

物 料 号 32447-00

浙江省中等职业教育计算机网络技术专业
课程改革成果教材编写委员会

主　　任：方展画

副 主 任：程江平　崔　陵

委　　员：许宝良　庞志康　张建国　郭耀邦　沈佳乐　王向东

主　　编：崔　陵

执行主编：佘运祥

编写说明

2006年，浙江省政府召开全省职业教育工作会议并下发《省政府关于大力推进职业教育改革与发展的意见》。该意见指出，“为加大对职业教育的扶持力度，重点解决我省职业教育目前存在的突出问题”，决定实施“浙江省职业教育六项行动计划”。2007年初，作为“浙江省职业教育六项行动计划”项目的浙江省中等职业教育专业课程改革研究正式启动，预计用5年左右时间，分阶段对30个左右专业的课程进行改革，初步形成能与现代产业和行业进步相适应的体现浙江特色的课程标准和课程结构，满足社会对中等职业教育的需要。

专业课程改革亟待改变原有以学科为主线的课程模式，尝试构建以岗位能力为本位的专业课程新体系，促进职业教育的内涵发展。基于此，课题组本着积极稳妥、科学谨慎、务实创新的原则，对相关行业企业的人才结构现状、专业发展趋势、人才需求状况、职业岗位群对知识技能要求等方面进行系统的调研，在庞大的数据中梳理出共性问题，在把握行业、企业的人才需求与职业学校的培养现状，掌握国内中等职业学校本专业人才培养动态的基础上，最终确立了“以核心技能培养为专业课程改革主旨、以核心课程开发为专业教材建设主体、以教学项目设计为专业教学改革重点”的浙江省中等职业教育专业课程改革新思路，并着力构建“核心课程＋教学项目”的专业课程新模式。这项研究得到由教育部职业技术中心研究所、中央教科所和华东师范大学职教所等专家组成的鉴定组的高度肯定，认为课题研究“取得的成果创新性强，操作性强，已达到国内同类研究领先水平”。

依据本课题研究形成的课程理念及其“核心课程＋教学项目”的专业课程新模式，课题组邀请了行业专家、高校专家以及一线骨干教师组成教材编写组，根据先期形成的教学指导方案着手编写本套教材，几经论证、修改，现付梓。

由于时间紧、任务重，教材中定有不足之处，敬请提出宝贵的意见和建议，以求不断改进和完善。

浙江省教育厅职成教教研室
2011年4月

前言

当前，计算机网络技术已经渗透到人们生活的每一个角落，中职学校也都开设了计算机网络技术专业，然而多数学生在学习本专业的各门课程后，发现仍然欠缺综合性的动手实践能力。由于计算机网络技术涉及内容较为繁杂，学生需要在掌握各门专业课程的基础上进行综合的运用和实践，因此，综合实训课程的开设尤为必要。

本书是中等职业教育计算机网络技术专业课程改革成果教材，根据浙江省“中等职业学校计算机网络技术专业教学指导方案与课程标准”编写。本书选择日常工作和生活中常见的网络管理与维护案例，旨在使学生能够灵活运用网络知识解决实际问题，重点培养学生在熟练掌握计算机网络专业知识的基础上进行网络综合规划的能力。

本书采用项目任务引导，体现理论和实践一体化教学思路，注重学生的动手能力培养。以项目为线索，剖析项目内容，以模块分解项目，把抽象的理论融入实际操作任务中，在实训任务中理解理论，同时侧重操作技能的训练。组织方式上，按照中等职业教育课程改革思路进行编写，以日常生活中常用的案例，按照不同项目实际的实施过程来完成。全书共分为 5 个项目、24 个模块、43 个工作任务，有机地将网络设备、网络操作系统、网站开发、网络综合布线等计算机网络技术专业相关核心课程进行整合，对学生的综合运用能力起到了很好的作用。

本书建议安排的总学时为 108 学时，其中实践操作课时不少于 96 课时。本书涉及的网络设备平台为 Cisco，网络操作系统采用虚拟机技术，实际使用中根据每个学校的设备不同，可能有所差别。

在教学的过程中教师要关注学生的个体差异，实验过程中分组进行，每组学生的能力要均衡考虑，实验的难度最好能分层。应合理使用现代化设备，提高教学效率。

本书由浙江省教育厅职成教教研室组编，杭州市电子信息职业学校佘运祥老师主编，于明远老师主审，朱海波、陈磊、张华参加了本书的编写。其中，项目 1、2、3 由朱海波老师编写，项目 4 由陈磊老师编写，项目 5 的模块 1～4、模块 6、模块 7 由佘运祥老师编写，项目 5 的模块 5 由张华老师编写，全书由佘运祥老师统稿。

本书配套学习卡网络教学资源，使用本书封底所附的学习卡，登录 http://sve.hep.com.cn，可获得相关资源，详见书末“郑重声明”页。

本书既适合用作中等职业学校计算机网络技术专业的教学用书，也可作为相关专业的培训教材和自学用书。

由于编写时间仓促以及编者学识水平所限，虽竭智尽力，但疏漏之处在所难免，敬请专家、同行和广大读者批评指正。编者联系方式：janson_yx@163.com。

编者

2011 年 5 月

目录

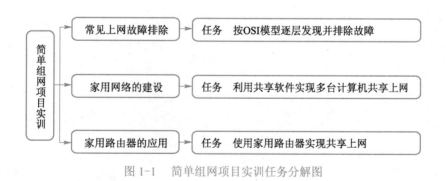

项目 1

简单组网项目实训

在实际的小型办公环境（如家庭或小公司）中，常常通过局域网上网，在网络的使用过程中总会出现网络不能使用的种种问题。作为网络管理员，必须具备搭建局域网和排除网络故障的能力。本项目主要解决三个问题：常见网络故障的排除、使用共享软件实现局域网共享上网、使用宽带路由器实现局域网共享上网。本项目的模块和具体任务如图 1-1 所示。

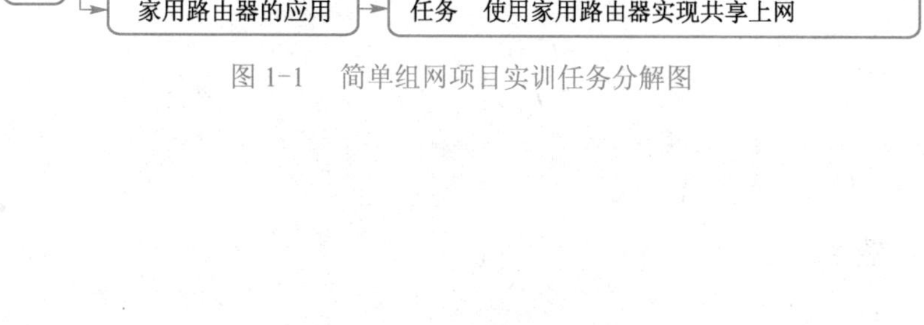

图 1-1　简单组网项目实训任务分解图

模块 1 常见上网故障排除

工作任务 按 OSI 模型逐层发现并排除故障

任务描述

学校办公室利用以太网上网，但是有一天发现办公室里的一台计算机不能访问网易等网站了，而同办公室的其他计算机均可以。你作为学校的网络管理员，请运用掌握的网络基本知识排除故障。

任务准备

1. 每组一台以上 PC。
2. 每组配备一个以上连入学校网络的网口。
3. 每组一根以上直连双绞线。
4. 实验拓扑如图 1-2 所示。

图 1-2 任务参考拓扑图

任务实施

步骤 1：从物理层排除故障。

网络物理层故障指的是因设备或线路损坏、插头松动、线路受到严重电磁干扰等情况产生的网络故障。在 PC 上主要表现为本地连接未连接，如图 1-3 所示。

可能故障及排除方法：

- 网线水晶头松动：重新插拔网线水晶头。
- 网线故障：使用测线仪测试网线的连通性。如确定是网线故障，重新制作直连网线水晶头或换一根直连网线。

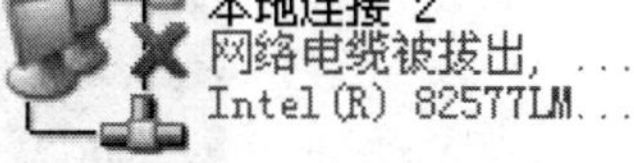

图 1-3 本地连接未连接

- 本机网卡故障：连接到本办公室无故障的网口，排除故障可能。如确定是本机网卡故障，更换网卡。
- 网口故障：将本办公室无故障计算机连接到可能有故障的网口，排除网口故障。如确定是网口故障，联系网络管理员进行维修。

步骤 2：从数据链路层排除故障。

数据链路层故障最常见的是受到 ARP 攻击，导致计算机的 ARP 解析错误。

排除方法：

● 在出现故障的计算机和未出现上网故障的计算机上分别运行命令“arp -a”，如图 1-4 所示。查看网关的 MAC 地址是否一致，如不一致，则确定是 ARP 解析错误，可进行病毒的查杀或者使用“arp -s”命令强制解析成正确的 MAC 地址。

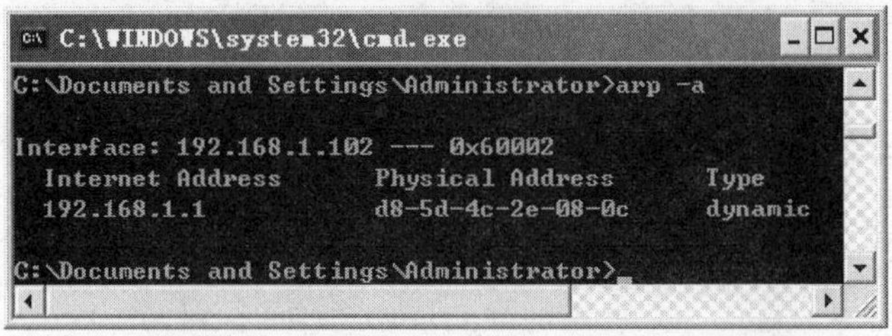

图 1-4 查看本地 ARP 记录缓存

步骤 3：从网络层排错故障。

网络层故障中最常见的就是由于计算机的网络配置错误导致的网络异常或故障。

可能故障及排除方法：

● 通过 DHCP 自动获取网络配置的计算机，未能获取校园网络中合法的 IP 地址。如确定地址不合法，对本地连接进行修复，重新获取地址，如还是不能解决问题，联系网络管理员。

● 通过手动配置设置网络属性的计算机，检查本计算机的 IP 地址、子网掩码、默认网关是否系统管理员指定的。如确定错误，更改成正确的即可。

步骤 4：从应用层排除故障。

应用层故障中最常见的可能是不能进行 DNS 解析，具体表现有：计算机可以使用 QQ 进行聊天，但不能使用域名进行 WWW 访问。

排除方法：

● 在命令提示符方式，分别使用命令“ping IP 地址”和“ping 域名（如 www.163.com）”来判定网络的连通性，如 ping IP 地址能连通，而 ping 域名不能连通，如图 1-5 所示，则可确定是 DNS 解析问题，将 PC 的 DNS 服务器地址设置成正确的即可解决问题。

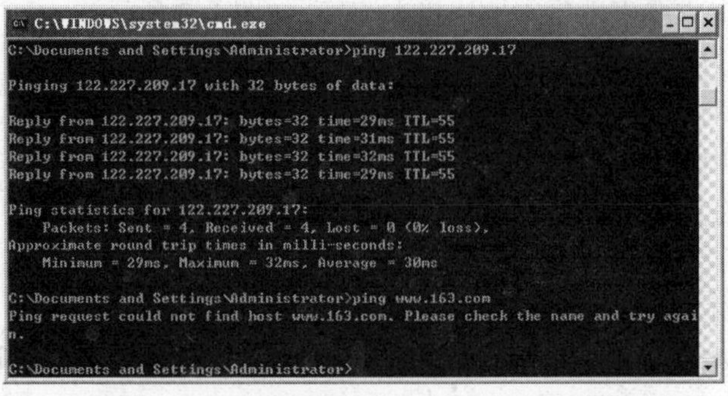

图 1-5 通过 ping 域名验证 DNS 故障

知识链接

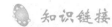

为了使不同计算机厂家生产的计算机能够相互通信，以便在更大的范围内建立计算机网络，国际标准化组织（ISO）在 1978 年提出了“开放系统互连参考模型”，即著名的 OSI/RM 模型（Open System Interconnection/Reference Model）。它将计算机网络体系结构的通信协议划分为七层，自下而上依次为：物理层（Physical Layer）、数据链路层（Data Link Layer）、网络层（Network Layer）、传输层（Transport Layer）、会话层（Session Layer）、表示层（Presentation Layer）、应用层（Application Layer）。其中低四层完成数据传送服务，高三层面向用户。对于每一层，至少制定两项标准：服务定义和协议规范。前者给出了该层所提供的服务的准确定义，后者详细描述了该协议的动作和各种有关规程，以保证服务的提供。

物理层负责最后将信息编码成电流脉冲或其他信号以用于网上传输。它由计算机和网络介质之间的实际界面组成，可定义电气信号、符号、线的状态和时钟要求、数据编码和数据传输用的连接器。如最常用的 RS-232 规范、10BASE-T 的曼彻斯特编码以及 RJ-45 就属于物理层。

数据链路层通过物理网络链路提供可靠的数据传输。不同的数据链路层定义了不同的网络和协议特征，其中包括物理编址、网络拓扑结构、错误校验、帧序列以及流控。

网络层负责在源和终点之间建立连接。它一般包括网络寻径，还可能包括流量控制、错误检查等。

传输层向高层提供可靠的端到端的网络数据流服务。传输层的功能一般包括流控、多路传输、虚电路管理及差错校验和恢复。

会话层建立、管理和终止表示层与实体之间的通信会话。通信会话包括发生在不同网络应用层之间的服务请求和服务应答，这些请求与应答通过会话层的协议实现。它还包括创建检查点，使通信发生中断的时候可以返回到以前的一个状态。

表示层提供多种功能用于应用层数据编码和转换，以确保一个系统应用层发送的信息可以被另一个系统应用层识别。

应用层是最接近终端用户的 OSI 层，与用户之间是通过应用软件直接进行相互作用的。

任务评价

通过本任务的学习，给自己的学习打个分吧。

评 分 内 容	分　值	自 评 分	小 组 评 分
能进行网线的连接	10		
能判定网线连接的错误并排除	20		
能判定网络设置的错误并排除	20		
能判定 ARP 解析错误并排除	30		
能判定 DNS 解析错误并排除	20		
合计	100		

模块小结

通过本模块的学习，我们了解了 OSI 模型的分层概况，知道了常见的网络故障并掌握了简单的排除方法。我们可以通过以下问题对本模块内容进行回顾并进一步提升：

1. OSI 网络参考模型的七层分别是哪些？
2. 物理层的常见网络故障有哪些？如何排除它们？
3. 数据链路层的常见网络故障有哪些？如何排除它们？
4. 网络层的常见网络故障有哪些？如何排除它们？
5. 应用层的常见网络故障有哪些？如何排除它们？

模块 2 家用网络的建设

工作任务 利用共享软件实现多台计算机共享上网

任务描述

现在很多人家中有多台计算机，但只有一部 Modem 和一个 ISP 账号，如要把整个家庭局域网连入 Internet，可使用一套代理服务器（Proxy Server）软件，由它来“把守”出口，完成数据转换和中继的任务。通过共享上网，只用一部 Modem、一根电话线和一个上网账号，就能够让整个局域网里的每一台计算机都连上 Internet，不但可以免去购买硬件的许多开销，还能节省大量的电话费，网络资源也得到充分利用，可谓一举多得。

在互联网上很多软件下载站点都可以找到局域网共享 Modem 上网的软件，从软件的内部机制上大致可分成两类：一类是代理服务器软件，如 WinGate、WinProxy 等；另一类是网关服务器软件，如 Sygate、Withgate 等。代理服务器软件的功能比较强大，但安装和设置大多比较复杂；网关服务器软件也能实现类似的功能，且使用起来要简便得多。

本任务以 Sygate 网关服务器为例，实现局域网内多台计算机共享一根 ADSL 线路上网。

任务准备

1. 每组两台以上 PC。
2. 每组一个 ADSL POE 拨号接口，一部 ADSL Modem。
3. 每组两根以上直连双绞线。
4. 实验拓扑如图 1-6 所示。

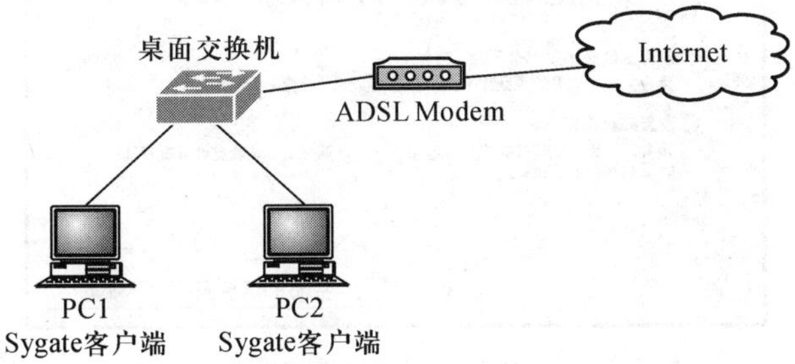

图 1-6 任务参考拓扑图

任务实施

步骤1：在充当网关服务器的PC上设置好ADSL连接。

第1步：打开“控制面板”，双击“网络连接”图标，在随后弹出的“网络连接”窗口中，单击左侧的“创建一个新的连接”，然后进入“新建连接向导”对话框，单击“下一步”按钮，如图1-7所示。

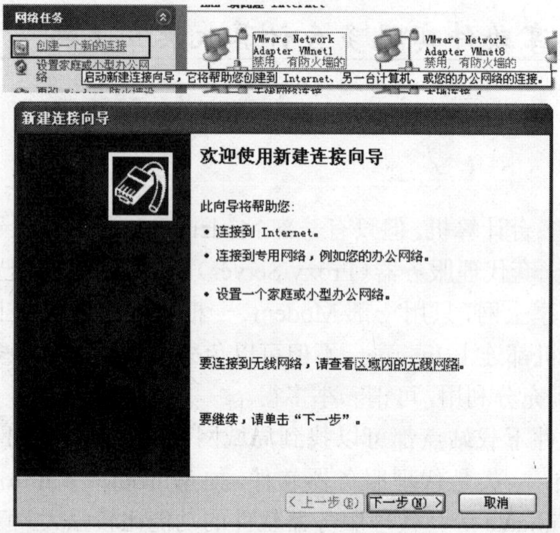

图1-7 新建连接向导

第2步：在“网络连接类型”对话框中选择第一项“连接到Internet”，如图1-8所示，单击“下一步”按钮。

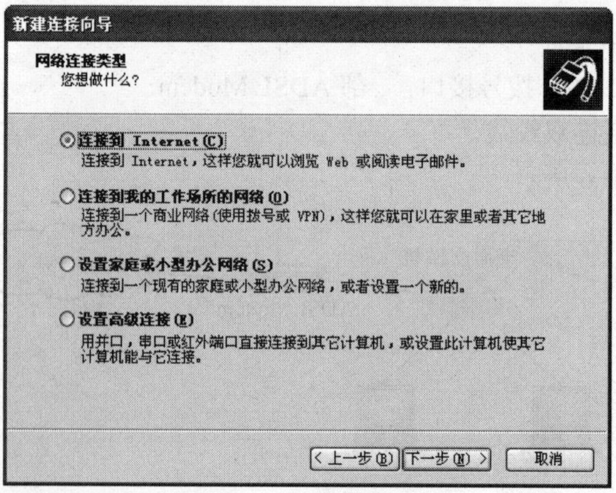

图1-8 选择网络连接类型

第 3 步：在接下来出现的对话框中选择第二项“手动设置我的连接”，如图 1-9 所示，单击“下一步”按钮。

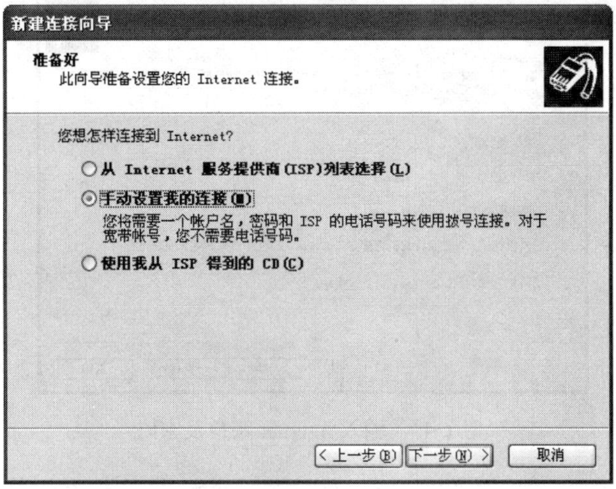

图 1-9　手动设置我的连接

第 4 步：在选择 Internet 接入方式时一定要特别注意，要选择“用要求用户名和密码的宽带连接来连接”，如图 1-10 所示，确认无误后单击“下一步”按钮。

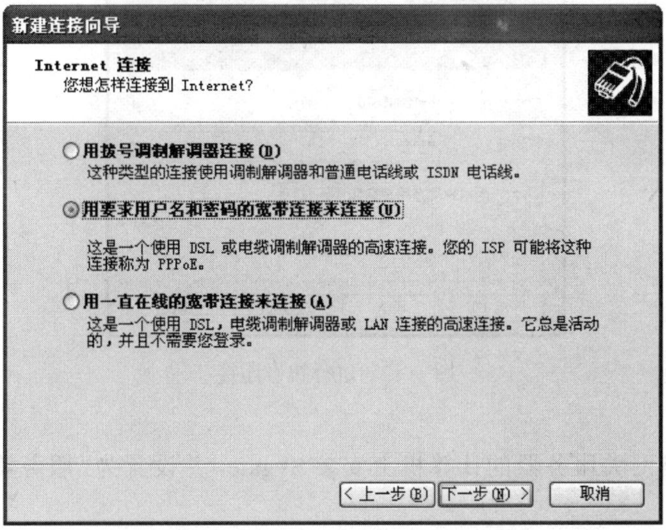

图 1-10　选择 ADSL、PPPoE 进行连接

第 5 步：在“Internet 账户信息”对话框中输入由电信部门提供的用户名和密码，如图 1-11 所示，输入完成后单击“下一步”按钮。

第 6 步：进入“正式完成新建连接向导”窗口后，所有的设置就已经完毕了，单击“完成”按钮。在出现的“连接宽带连接”对话框中，单击“连接”按钮，如图 1-12 所示，就可以接入

Internet 使用各种服务了。

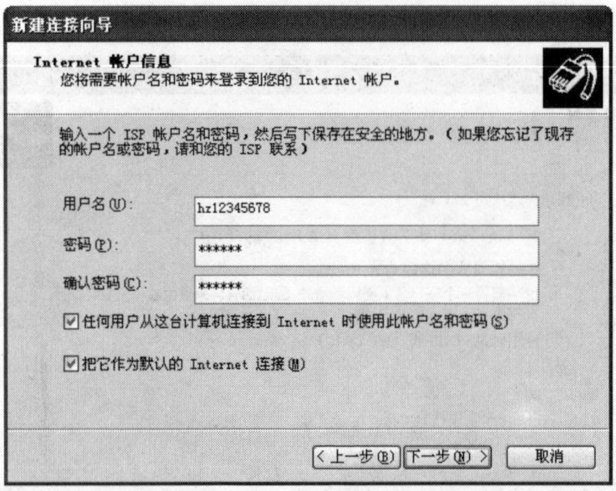

图 1-11 输入 Internet 账户及密码

图 1-12 进行拨号连接

步骤 2：在充当网关服务器的计算机上安装 Sygate，并设置为“服务器模式”，如图 1-13 所示。

在“配置”对话框中设置“直接 Internet/ISP 连接”和“本地网络连接”，这两项都可以选择“自动检测”。如果不能自动检测，也可以选择 “手工选择”，如图 1-14 所示，还要特别注意单一网卡模式的设置。

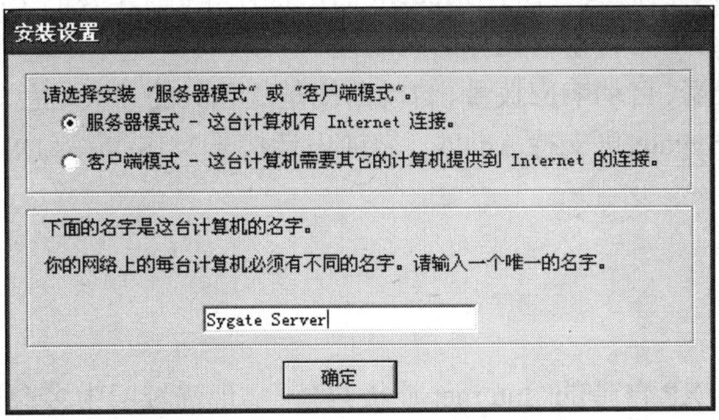

图 1-13　设置为服务器模式

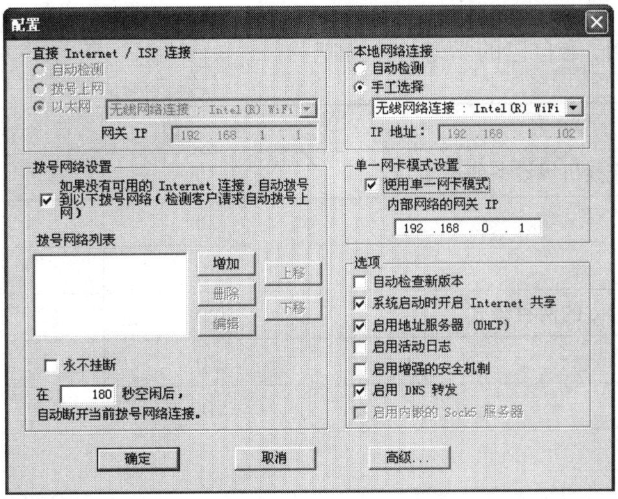

图 1-14　Sygate 网络连接的设置

步骤 3: 在客户机上安装 Sygate 并设置为“客户端模式”，即可共享访问 Internet 了。此时请注意客户机的 IP 地址应该与 Sygate 服务器的 IP 地址在同一网段，子网掩码和主机的相同，网关就是主机的 IP 地址。

通过这样的设置，以后只要设置为服务器模式的计算机开机上网，局域网中所有安装了 Sygate 客户端模式的计算机就都可以上网了。

知识链接

Sygate 是业界最为简单易用且功能强大的 Internet 共享软件，它仅用一条电话线、一个 Modem、一个 Internet 账号，就能将整个局域网中的所有计算机连接至 Internet 浩瀚的信息海洋中，特别适用于中小型公司、企事业单位的办公室及拥有多台计算机的家庭用户，大大节约了上网费用。

与其他 Internet 共享软件不同，Sygate 是作为网关与 Internet 进行连接的，而不是作为代理服务器，这意味着 Sygate 仅需安装在有 Modem 的那台计算机上，其他不用安装任何软件，与同等类型的软件相比，Sygate 具有不可比拟的易用性。

Sygate 内置的防火墙、自动响应拨号、自动断线是其独具的三大特色。

在线路连接方面，Sygate 可支持 Analog（普通电话拨号）、ISDN、ADSL 和 Cable Modem、专线等。

任务拓展

尝试使用 Windows XP 自带的“Internet 连接共享”实现局域网中多台计算机同时上网。

任务评价

通过本任务的学习，给自己的学习打个分吧。

评 分 内 容	分 值	自 评 分	小 组 评 分
能进行 ADSL Modem、交换机等设备的连接	30		
能设置 ADSL 拨号连接	20		
能安装 Sygate 软件	10		
能根据实际需求设置 Sygate 的两种模式	20		
能分析错误并排除	20		
合计	100		

模块小结

通过本模块的学习，我们知道了如何通过 Internet 共享软件的方式，使得多台计算机共享一条 Internet 线路上网。我们可以通过以下问题对本模块内容进行回顾并进一步提升：

1. 在计算机上如何设置连接到 ADSL 网络？
2. 在计算机上如何安装 Sygate 等 Internet 共享软件，并设置为服务器模式？
3. 怎样将计算机设置为客户机模式，通过服务器共享上网？

模块 3 家用路由器的应用

工作任务 使用家用路由器实现共享上网

任务描述

使用代理服务器软件共享上网的方式，虽然能解决家庭或小公司中多台计算机同时共享上网的问题，但也存在一些问题，如多台计算机共享上网时，作为服务器的那台计算机必须一直处于开机联网状态，不能关机、断网，很不方便。随着 Internet 的进一步普及，SOHO 型宽带路由器也走入了千家万户，它可以充当共享服务器的角色，为多台计算机同时提供共享上网，并提供 DHCP、MAC 地址绑定、简易防火墙等功能。

任务准备

1. 每组两台以上 PC。
2. 每组一个 ADSL POE 拨号接口，一部 ADSL Modem。
3. 每组一台家用宽带路由器。
4. 每组两根以上直连双绞线。
5. 实验拓扑如图 1-15 所示。

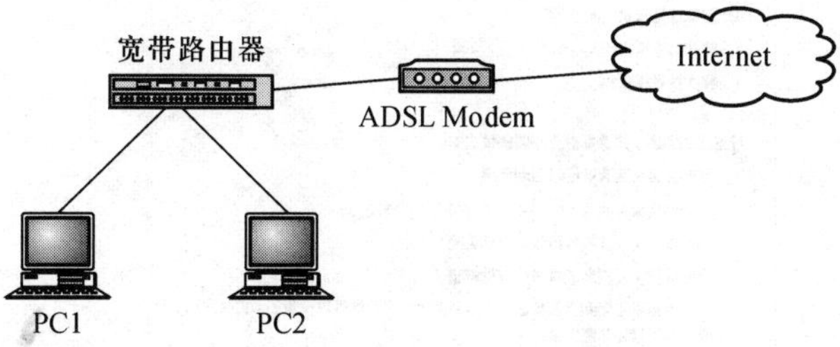

图 1-15 任务参考拓扑图

任务实施

步骤 1：设置计算机的网络属性，访问控制宽带路由器。

在连接好线缆和电源后，就可以设置计算机的网络属性，访问控制宽带路由器。

每台宽带路由器出厂后都设置了默认的管理 IP 地址，一般默认为 192.168.1.1（以产品说明书为准）。根据这一地址，将自己的计算机 IP 配置为 192.168.1.x，网关和 DNS 都指向路由器，即 192.168.1.1，如图 1-16 所示。

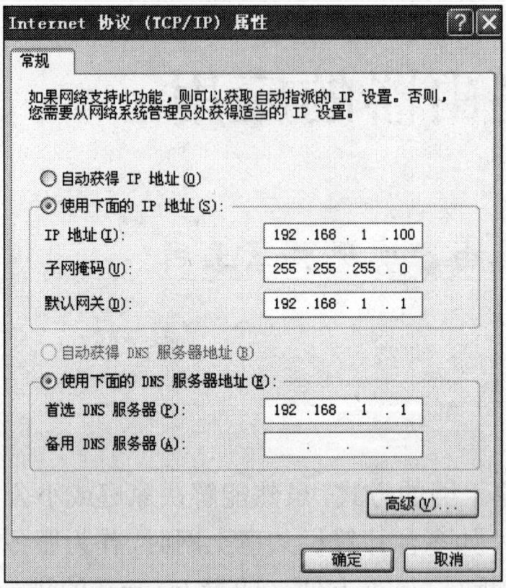

图 1-16　设置计算机的 IP 地址、子网掩码、网关和 DNS

打开 Internet Explorer，输入 http://192.168.1.1/，进入路由器的配置界面，默认的用户名密码一般均为：admin（以产品说明书为准）。

步骤 2： 设置 WAN 口的 PPPoE 拨号，让宽带路由器连入 Internet 网络。

一般电信、网通等 ISP 提供的都是 PPPoE 拨号方式，因此选择 WAN 口连接类型为“PPPoE”，输入 ISP 提供的上网账号和密码（例如 username），如图 1-17 所示。

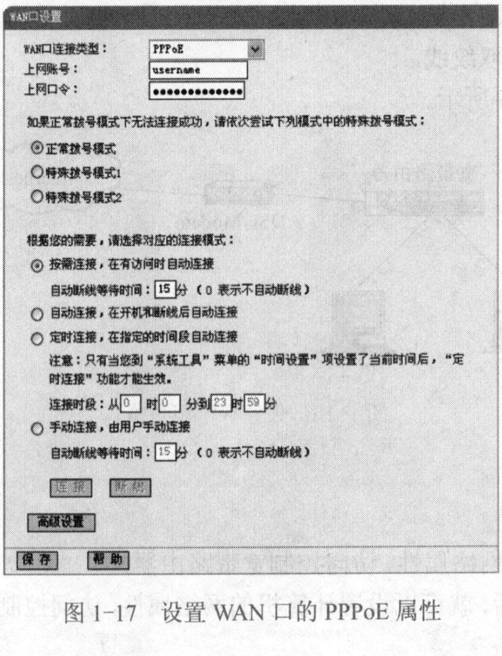

图 1-17　设置 WAN 口的 PPPoE 属性

步骤 3：设置宽带路由器的 DHCP 服务。

打开宽带路由器的 Web 管理界面，如图 1-18 所示，单击左侧的“DHCP 服务器”选项，进入如图 1-19 所示的 DHCP 服务设置对话框，选择“启用” DHCP 服务器，然后指定要通过路由器动态分配的地址池（动态 IP 范围）、默认网关、DNS 等就可以了。

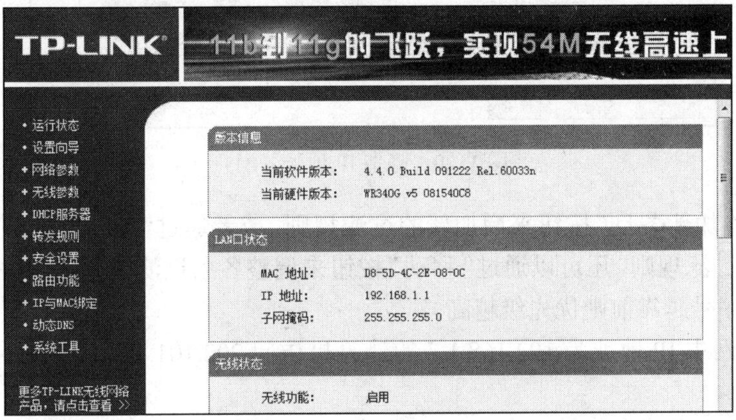

图 1-18　宽带路由器的 Web 管理界面

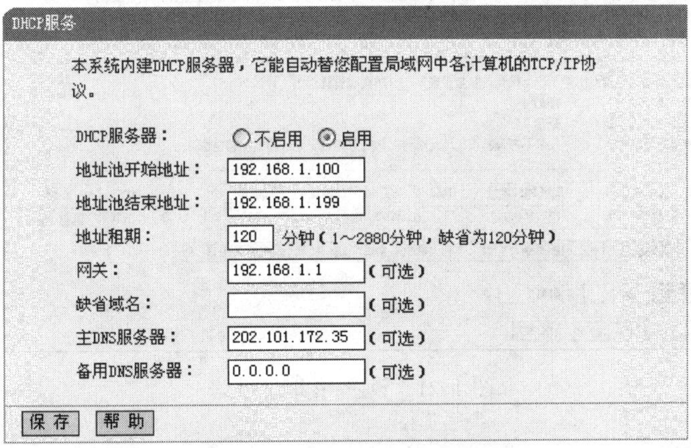

图 1-19　设置 DHCP 服务器

选择菜单“DHCP 服务器”→“静态地址分配”，可以为指定 MAC 地址的计算机预留静态 IP 地址。当该计算机请求 DHCP 服务器分配 IP 地址时，DHCP 服务器将给它分配表中预留的 IP 地址，并且一旦采用，该主机的 IP 地址将不再改变。如图 1-20 所示，将 MAC 地址为 00-26-C7-4B-F4-7A 的计算机绑定 IP 地址 192.168.1.102。

步骤 4：设置宽带路由器的简易防火墙功能。

在管理中界面找到安全设置选项，选择“开启防火墙”选项。一般情况下，宽带路由器的防火墙主要有以下几个选项：

- IP 地址过滤

使用 IP 地址过滤可以拒绝或允许局域网中计算机与互联网之间的通信，可以拒绝或允许特定 IP 地址的特定端口号或所有端口号。

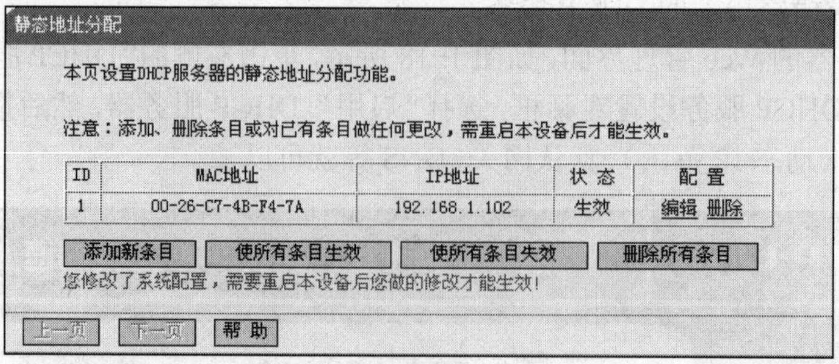

图 1-20　静态 IP 地址分配

可以利用“添加新条目”按钮来增加新的过滤规则，或者通过“编辑”、“删除”链接来修改或删除已设置的过滤规则，还可以通过“移动”按钮来调整各条过滤规则的顺序，以达到不同的过滤优先级（ID 序号越靠前则优先级越高）。

如限制局域网中 IP 地址为 192.168.1.7 的计算机访问 202.101.172.35 的 DNS 服务，设置如图 1-21 所示。

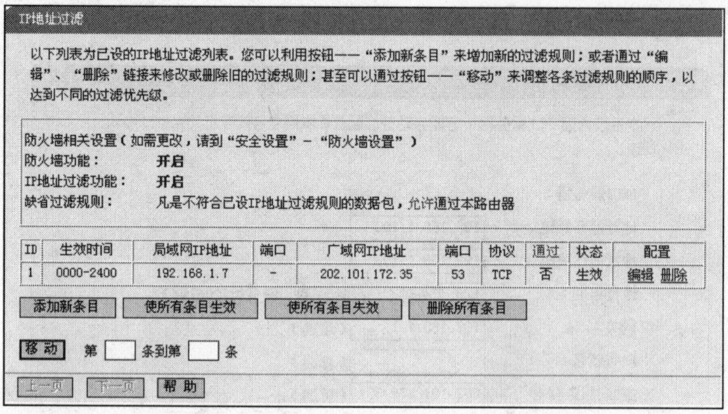

图 1-21　设置 IP 地址过滤

- MAC 地址过滤

MAC 地址过滤功能通过 MAC 地址允许或拒绝局域网中计算机访问广域网，有效控制局域网内用户的上网权限。可以利用“添加新条目”按钮来增加新的过滤规则，或者通过“编辑”、“删除”链接来修改或删除旧的过滤规则。

如果不希望局域网中 MAC 地址为 00-E0-4C-00-07-BE 和 00-E0-4C-00-07-5E 的计算机访问 Internet，而希望局域网中的其他计算机能访问 Internet，可以如图 1-22 所示设置 MAC 地址过滤表。

- 域名过滤

域名过滤可以阻止局域网中所有计算机访问广域网上的特定域名，该特性会拒绝所有到特定域名的请求。可以利用“添加新条目”按钮来增加新的过滤规则，或者通过“编辑”、“删除”链接来修改或删除旧的过滤规则。

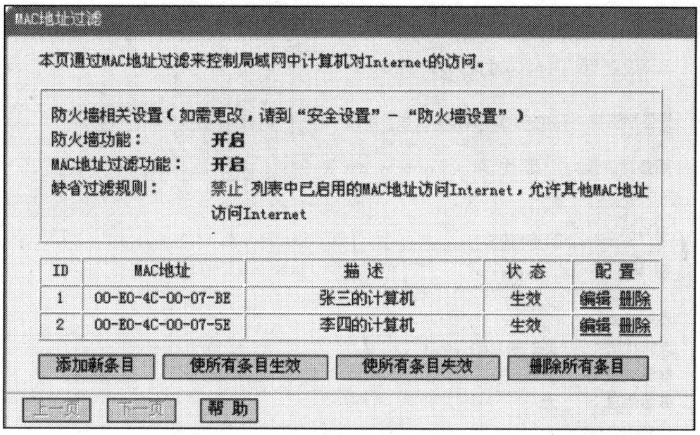

图 1-22　设置 MAC 地址过滤

如果希望禁止局域网中的计算机在 8:30 到 18:00 之间访问 www.yahoo.com.cn、sina.com 网站，禁止局域网中的计算机在 8:00 到 12:00 之间访问所有以 .net 结尾的网站，可以如图 1-23 所示进行设置。

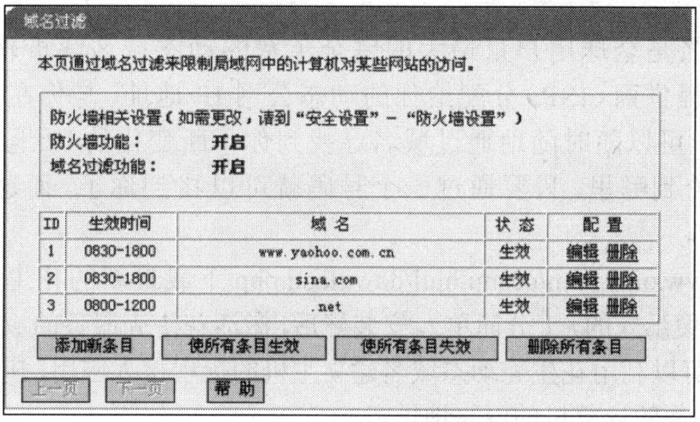

图 1-23　设置域名过滤

步骤 5：设置宽带路由器的动态 DNS 功能。

动态 DNS（DDNS）的主要功能是实现固定域名到动态 IP 地址之间的解析。对于使用动态 IP 地址的用户，在每次上网得到新的 IP 地址后，安装在主机上的动态域名软件就会将该 IP 地址发送到由 DDNS 服务商提供的动态域名解析服务器，并更新域名解析数据库。当 Internet 上的其他用户需要访问这个域名的时候，动态域名解析服务器就会返回正确的 IP 地址。这样，大多数不使用固定 IP 地址的用户也可以通过动态域名解析服务经济、高效地构建自身的网络系统。

本步骤使用花生壳 DDNS 设置宽带路由器（花生壳 DDNS 的服务提供者是 www.oray.net）。在网上注册成功后，在宽带路由器中就可以用注册的用户名和密码登录到 DDNS 服务器上，如图 1-24 所示。当显示连接状态之后，互联网上的其他主机就可以通过域名的方式访问你的路由器或虚拟服务器了。

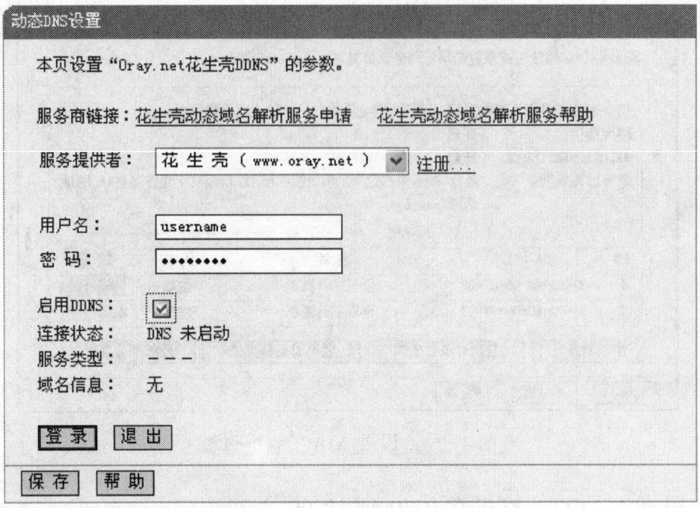

图 1-24 设置动态 DNS 解析

知识链接

花生壳动态域名是全球用户量最大的完全免费的动态域名解析软件。花生壳 DDNS 服务是将宽带服务提供商（ISP）分配给你的动态公网 IP 地址，与你在 Oray 管理的域名进行绑定，互联网用户可以随时随地通过域名寻找到你不断变化的 IP 地址。简单来说，就像你的手机一样，无论到哪里，只要通过一个号码就可以找到你了，而这个号码就相当于在 Oray 所申请的域名。

只需在 http://www.oray.com/peanuthull/download.php 下载最新的花生壳软件版本，然后进行安装（安装方法是傻瓜式的，十分简单），安装好后，激活花生壳服务的域名将与计算机的公网 IP 绑定，绑定后，就可以利用花生壳动态域名建立主机的远程接入应用，让互联网用户随时随地都可以通过域名找到你的计算机的网络地址。

任务评价

通过本任务的学习，给自己的学习打个分吧。

评 分 内 容	分 值	自 评 分	小 组 评 分
能进行宽带路由器的连线	20		
能设置 ADSL 拨号连接	20		
能设置 DHCP 服务器	20		
能设置简单的防火墙功能	20		
能分析错误并排除	20		
合计	100		

模块小结

通过本模块的学习，我们掌握了家用路由器的连接和常用的配置，从而通过它使多台计算机共享一条 Internet 线路上网。我们可以通过以下问题对本模块内容进行回顾并进一步提升：

1. 如何连接宽带路由器、ADSL 线路和多台计算机？
2. 如何进入宽带路由器的配置界面？
3. 如何设置宽带路由器使其连接到 Internet 网络？
4. 宽带路由器的其他功能有哪些？具体有什么作用？

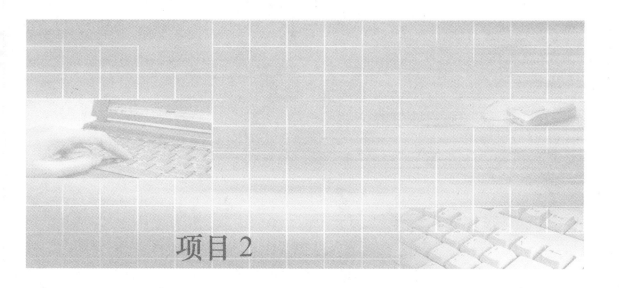

项目 2

中小型局域网交换项目实训

交换机克服了集线器的共享工作模式的弱点，它对进入交换机端口的数据进行重新生成，并经过内部处理后转发至指定端口，主要有地址学习和数据交换功能。由于交换机能根据所传递数据包的目的地址，将每一数据包独立地从源端口送至目的端口，因而可避免与其他端口发生碰撞。

在中小型局域网中，交换机有着必不可少的重要作用。本项目通过完成可管理交换机的面板认识、线缆的连接、管理方式的设置、虚拟局域网的管理、三层交换的管理、简单排错等任务，达到基本能对中小型局域网中的交换机进行规划、控制和管理的能力。本项目的模块和具体任务如图 2-1 所示。

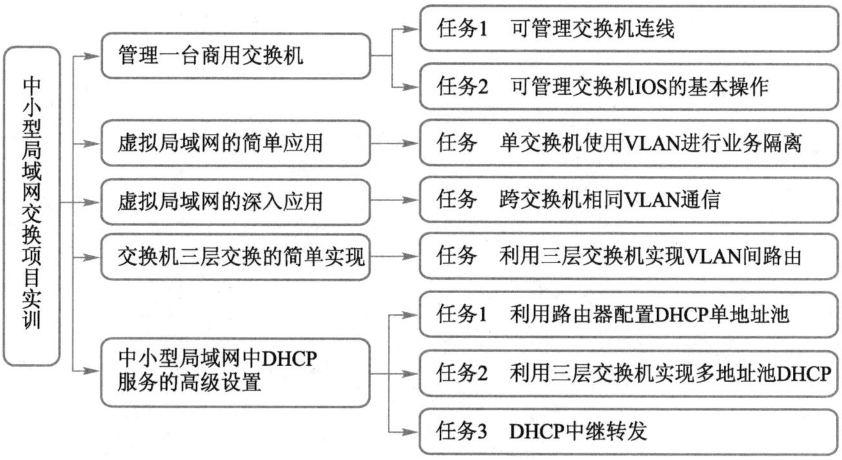

图 2-1　中小型局域网交换项目实训任务分解图

模块 1 管理一台商用交换机

工作任务 1 可管理交换机连线

任务描述

本任务主要通过使用交换机连接多台计算机，使用串口控制线缆连接管理交换机，以达到认识交换机并能正确使用交换机各种常用端口的目的。

任务准备

1. 每组一台常用可管理交换机，型号自定，如 Cisco 2960、3560 均可。
2. 每组两台 PC，一台服务器有一个以上串口，并安装有“超级终端”程序。
3. 每组一根交换机配套的串口控制线缆。
4. 每组一根以上直连双绞线。

任务实施

步骤 1：观察交换机的前面板和背面板，了解交换机面板、接口等组成，以 Cisco 2960-24TT 交换机为例。

Cisco 2960-24TT 交换机的前面板如图 2-2 所示，共有 24+2 个用于连接 RJ-45 水晶头的网线端口，其中：100 Mbps 的共 24 个，分 2 组，每组上下两排，每排 6 个；1 Gbps 的 2 个。在图中最左边的是交换机系统 LED 指示灯区域，显示交换机系统的工作情况。在 24 个快速以太网接口上方的是网络端口 LED 指示灯区域，用于显示所对应端口的运行情况。

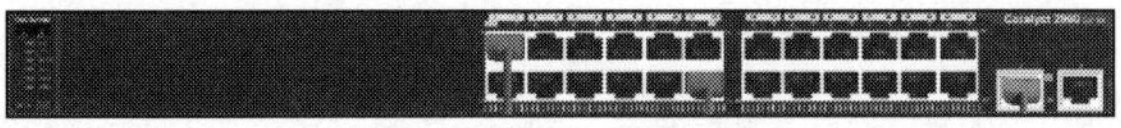

图 2-2　Cisco 2960-24TT 交换机前面板

Cisco 2960-24TT 交换机背面如图 2-3 所示，最左边的是交换机的控制端口，在边上标注有英文“CONSOLE”，我们将通过这个端口来控制交换机。最右边是交换机的电源插口，用于连接电源。

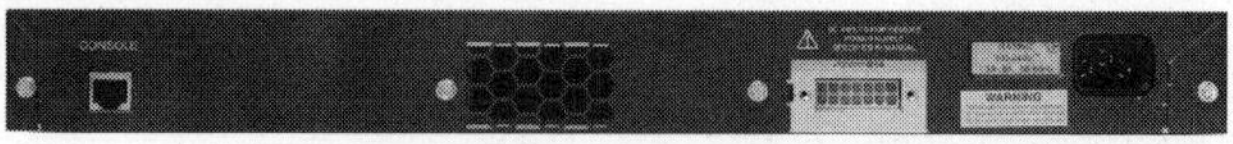

图 2-3　Cisco 2960-24TT 交换机背面板

步骤 2：如图 2-4 所示，使用直连双绞线连接若干台计算机网卡和交换机的指定端口（端口号建议随机指定，强化端口编号概念），同时观察交换机 LED 指示灯情况，并记录。

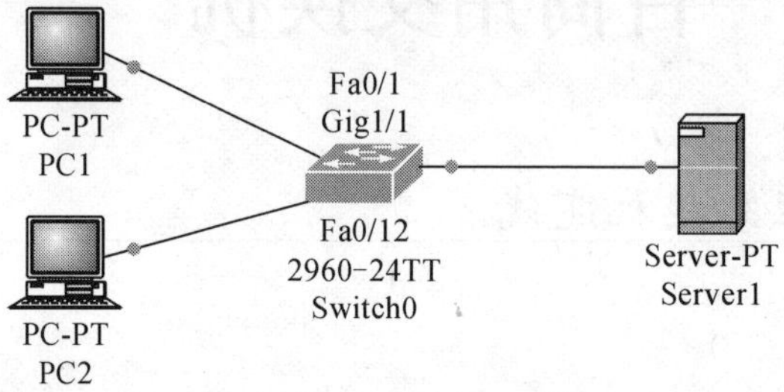

图 2-4　任务参考拓扑图

步骤 3：将 PC 连接到交换机的控制端口，并使用“超级终端”程序管理交换机。

使用交换机配套的串口控制线缆连接 PC 端的串口和交换机端的控制端口。依次单击“开始”→“程序”→“附件”→“通讯”→“超级终端”，启动“超级终端”程序，对“超级终端”进行初始参数设置的具体操作步骤如图 2-5 所示。

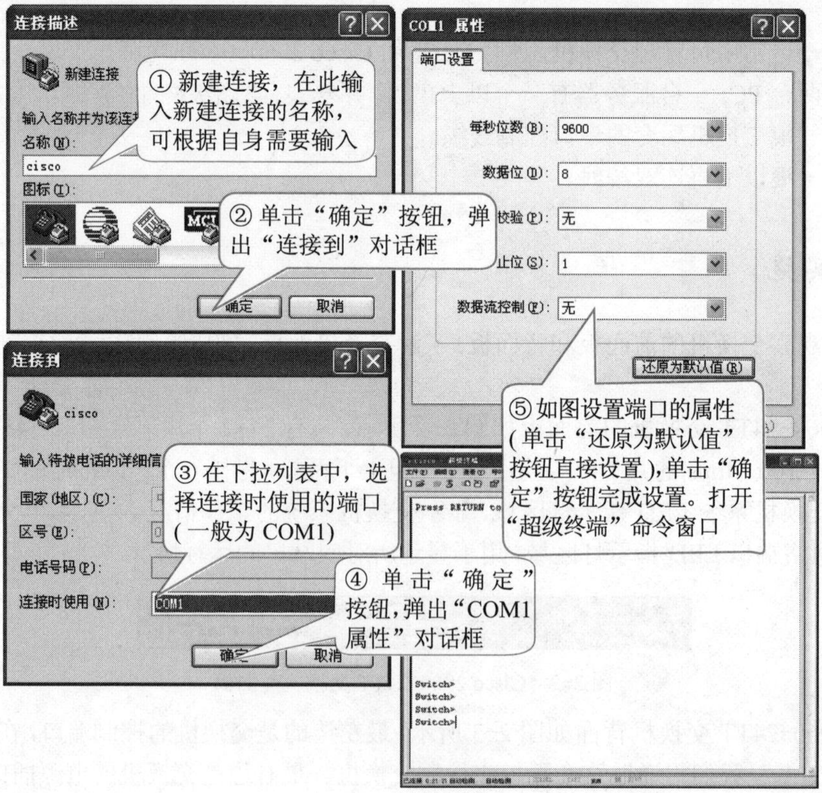

图 2-5　“超级终端”的参数设置

知识链接

1．交换机端口编号规则

F0/1 中的 F 指快速以太网（Fast Ethernet），有时也写为 Fa；0 是槽号，第一个槽号是 0，第二个槽号是 1，以此类推；1 是端口号，交换机端口号从 1 开始。

2．可管理交换机的控制方式

可管理交换机的控制方式主要有两种：带外方式和带内方式。

（1）带外方式

当交换机第一次加电启动时，使用的是默认的出厂设置，没有配置 IP 地址等，只能借助计算机使用配置线缆通过 Console 端口进行初始化配置。这种配置方式不占用交换机数据端口的带宽，所以称为带外方式。

具体控制方式：把厂商提供的配置线缆一端（一般为 RJ-45 水晶头）接入交换机上有“Console”标识的端口，一端（目前一般为 DB-9 接头）接在计算机的 COM 口上（目前很多笔记本计算机都不提供 COM 口，解决的方法是买一根 USB 转 COM 口的转接线缆）。然后使用通信程序（如 Secure CRT；出于方便考虑，也可使用 Windows 操作系统自带的“超级终端”）通过 Console 端口访问控制交换机。

（2）带内方式

当交换机通过带外方式进行 IP 地址等必要的设置后，就可以通过网络使用 Telnet、网络浏览器、SNMP 和 CiscoWorks 等进行远程管理。这些方式需要占用交换机数据端口的带宽，所以统称为带内方式。

任务拓展

1．交换机上是否有一个电源开启 / 关闭的开关？你如何给交换机加电启动？

2．尝试安装并使用 Secure CRT 程序通过 Console 口控制管理交换机。

任务评价

通过本任务的学习，给自己的学习打个分吧。

评分内容	分值	自评分	小组评分
认识交换机的各类端口并了解其功能	30		
能使用网线将 PC 连接到交换机的指定端口	15		
能正确连接配置线	15		
能使用“超级终端”程序控制管理交换机	20		
能使用其他通信程序控制管理交换机	20		
合计	100		

工作任务 2 可管理交换机 IOS 的基本操作

任务描述

本任务通过对交换机的一系列基本操作，达到掌握交换机命令行各种操作模式的区别，能够使用各种帮助信息，以及用命令进行基本配置的目的。

任务准备

1．每组一台常用可管理交换机，型号自定，如 Cisco 2950、Cisco 3560 均可。

2．每组一台以上 PC，有一个以上串口，并安装有“超级终端”程序。

3．每组一根交换机配套的串口控制线缆。

4．实验拓扑如图 2-6 所示。

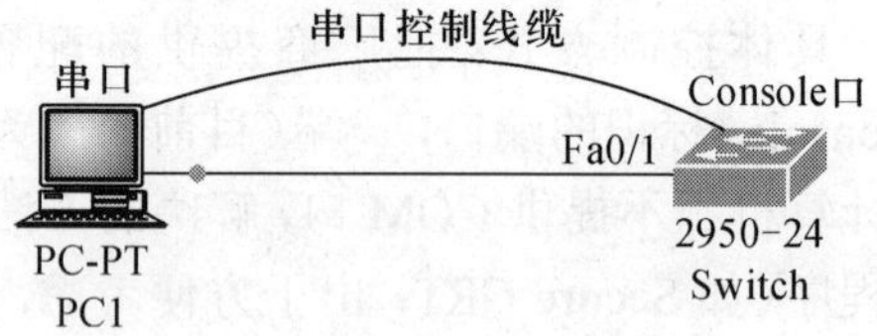

图 2-6 任务参考拓扑图

任务实施

步骤 1：了解交换机各个操作模式之间的切换命令。

Swtich>enable

// 从一般用户模式进入特权用户模式

Swtich# conf t

// 从特权模式进入全局配置模式

Enter configuration commands, one per line. End with CNTL/Z.

Swtich(config)# int f0/1

// 进入接口 fastEthernet 0/1 配置模式

Swtich(config-if)# exit

// 退回上一级操作模式

Swtich(config)# int f0/20

// 进入接口 fastEthernet 0/20 配置模式

Swtich(config-if)# ^Z

// 直接退回特权用户模式

Swtich#

步骤 2：了解交换机命令行界面基本功能。

Switch>?

// 显示当前模式下所有可执行的命令

Exec commands:

<1-99> Session number to resume
connect Open a terminal connection
disable Turn off privileged commands
disconnect Disconnect an existing network connection
enable Turn on privileged commands
exit Exit from the EXEC
logout Exit from the EXEC
ping Send echo messages
resume Resume an active network connection
show Show running system information
telnet Open a telnet connection
terminal Set terminal line parameters
traceroute Trace route to destination

Switch>e?
// 显示当前模式下所有以“e”开头的命令
enable exit
Switch>en<tab>
// 当所输入字符能唯一代表一个命令时，按键盘上的 Tab 键自动补齐命令
Switch>enable
Switch#

步骤 3：了解常用交换机命令的使用。

Switch#conf t
Switch(config)# hostname SW_50
// 在全局模式，将交换机的名称设置为“SW_50”
SW_50(config)# int f0/1
SW_50(config-if)#shutdown
// 进入端口配置模式，关闭 fastEthernet 0/1 端口
SW_50(config-if)# exit
SW_50(config)# enable password 111111
// 设置特权用户的密码为“111111”
SW_50(config)# exit
SW_50# exit
SW_50>enable
// 退到一般用户模式，测试进入特权用户模式密码
Password:
// 输入你设置的特权用户密码 111111
SW_50#conf t

SW_50(config)# int f0/1
SW_50(config-if)# no shutdown
// 进入端口配置模式，开启 fastEthernet 0/1 端口

步骤 4：查看交换机的系统和配置信息。

SW_50(config-if)# ^Z
SW_50# show version
// 在特权用户模式，查看交换机的系统信息

此时，查看信息并记录以下信息：

① 交换机的硬件型号；
② 交换机从开机到现在已运行的时间。

SW_50# show running-config
// 在特权用户模式，查看交换机当前运行的配置信息

此时，查看信息并记录以下信息：

① 交换机的设备名；
② 交换机的以太网端口数量；
③ 交换机各端口编号。

步骤 5：保存交换机的配置信息。

SW_50#write
// 在特权用户模式，保存交换机的配置信息

知识链接

1. 交换机的各种配置模式

交换机的各种配置模式及相关命令如图 2-7 所示。

（1）一般用户模式

进入交换机后的第一个操作模式，该模式下可以简单查看交换机的软、硬件版信息，并进行简单的测试。一般用户模式提示符为：Switch>。

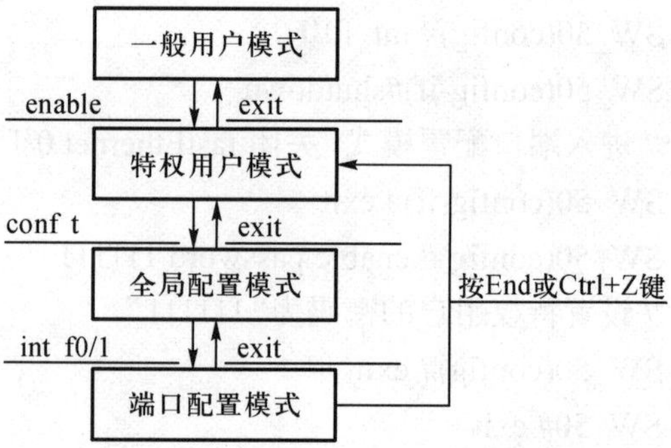

图 2-7 交换机的各种配置模式及相关命令

（2）特权用户模式

由一般用户模式进入的下一级模式，该模式下可以对交换机的配置文件进行管理，查看交换机的配置信息，进行网络的测试和调试等。特权用户模式提示符为：Switch#。

（3）全局配置模式

属于特权用户模式的下一级模式，该模式下可以配置交换机的全局性参数（如主机名、登录信息等）。在该模式下可以进入下一级的配置模式，对交换机具体的功能进行配置。全局配置模式提示符为：Switch(config)#。

（4）端口配置模式

属于全局配置模式的下一级模式，该模式下可以对交换机的端口进行参数配置。端口配置模式提示符为：Switch(config-if)#。

2．交换机的常用命令

（1）Switch>enable

// 进入特权用户模式

（2）Switch#config terminal

// 进入全局配置模式

（3）Switch(config)#hostname

// 设置交换机的主机名

（4）Switch(config)#enable secret xxx

// 设置特权加密口令

（5）Switch(config)#enable password xxx

// 设置特权非加密口令

3．交换机命令行技巧

（1）? 的使用

Switch> ?

// 显示当前模式下所有可执行的命令

Switch>e?

// 显示当前模式下所有以"e"开头的命令

（2）<Tab> 键的使用

Switch>en<Tab>

// 当 en 能唯一表示当前可用命令时自动补齐命令

Switch>enable

任务拓展

控制交换机熟练地完成以下操作：

1．将交换机的名称命名为 SwitchA。

2．关闭端口 Fa0/20。

3．设置特权用户的密码为加密的"123456"。

4．重新启动 Fa0/20。

5．退到一般用户模式，进行 enable 密码测试。

6．保存配置。

任务评价

通过本任务的学习，给自己的学习打个分吧。

评分内容	分值	自评分	小组评分
了解交换机的各种配置模式	10		
认识各种配置模式对应的命令提示符	20		
掌握交换机命令使用技巧	10		
能对交换机进行基本设置	30		
熟记交换机的常用操作命令及使用	30		
合计	100		

模块小结

通过本模块的学习，我们认识了交换机的各类接口，并能连接Console口，通过“超级终端”等软件尝试进行简单的命令行配置。我们可以通过以下问题对本模块内容进行回顾并进一步提升：

1. 交换机面板上有哪些常见的接口？它们的作用分别是什么？
2. 交换机以太网接口的编号规则是怎样的呢？
3. 如何使用超级终端去控制管理交换机？
4. 常见的交换机配置模式有哪些？它们之间如何切换？

模块 2 虚拟局域网的简单应用

工作任务 单交换机使用 VLAN 进行业务隔离

任务描述

某企业有两个主要部门：销售部和技术部，两个部门的个人计算机系统都连接在同一台交换机上。为了数据安全起见，销售部和技术部需要进行业务隔离，使部门内的计算机能相互连通，不同部门的计算机不能连通。现要在该交换机上做适当配置来实现这一目标。

任务准备

1. 每组一台常用可管理交换机，型号自定，如 Cisco 2950、Cisco 3560 均可。
2. 每组两台以上 PC（本任务中以两台为例），有一个以上串口，并安装有“超级终端”程序。
3. 每组一根交换机配套的串口控制线缆。
4. 每组两根以上直连双绞线。
5. 实验拓扑如图 2-8 所示。

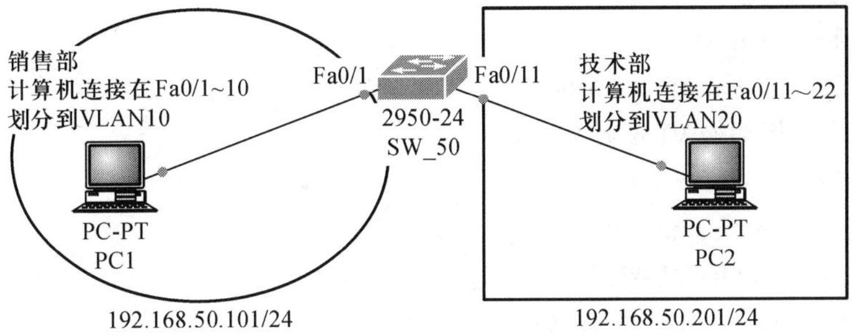

图 2-8 任务参考拓扑图

任务实施

步骤 1： 按要求设置计算机的 IP 地址，使用 ping 命令测试两台计算机的连通性，此时 PC1

和 PC2 能相互连通，如图 2-9 所示。

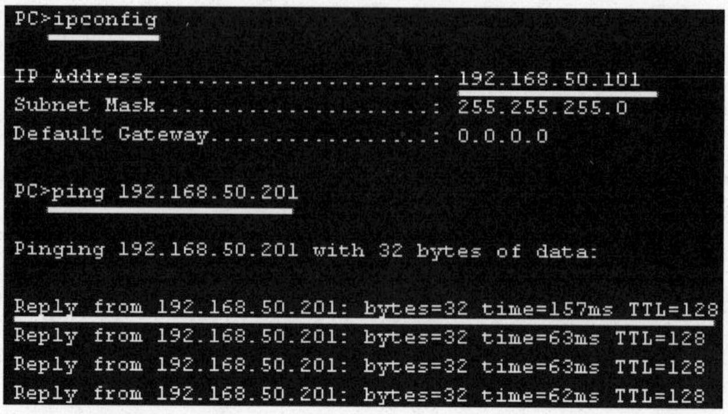

图 2-9 划分 VLAN 前两台 PC 相互连通

步骤 2：配置交换机的主机名。

Switch>enable
Switch#conf t
Enter configuration commands, one per line. End with CNTL/Z.
Switch(config)# hostname SW_50
SW_50(config)#

步骤 3：按任务要求规划 VLAN，如表 2-1 所示。

表 2-1 划分 VLAN

VLAN 编号	VLAN 名称	拥有的端口
10	xiaoshou	Fa0/1 ～ Fa0/10
20	jishu	Fa0/11 ～ Fa0/22

步骤 4：按规划创建 VLAN 并命名。

SW_50(config)# vlan 10
SW_50(config-vlan)# name xiaoshou
// 创建并命名销售部的 VLAN 10
SW_50(config-vlan)#vlan 20
SW_50(config-vlan)# name jishu
// 创建并命名技术部的 VLAN 20

步骤 5：按规划将端口添加到 VLAN。

SW_50(config-vlan)# exit
SW_50(config)# int range f0/1-10
SW_50(config-if-range)# switchport access vlan 10
// 将端口 Fa0/1 至 Fa0/10 划分到 VLAN 10
SW_50(config-if-range)# exit

SW_50(config)# int range f0/11-22

SW_50(config-if-range)# switchport access vlan 20

// 将端口 Fa0/11 至 Fa0/22 划分到 VLAN 20

步骤 6：查看当前的 VLAN 划分是否与规划相符。

SW_50(config-if-range)# ^Z

SW_50#show vlan

// 查看当前交换机的 VLAN 划分情况，正确的划分结果如图 2-10 所示

```
VLAN Name                             Status    Ports
---- -------------------------------- --------- -------------------------------
1    default                          active    Fa0/23, Fa0/24
10   xiaoshou                         active    Fa0/1, Fa0/2, Fa0/3, Fa0/4
                                                Fa0/5, Fa0/6, Fa0/7, Fa0/8
                                                Fa0/9, Fa0/10
20   jishu                            active    Fa0/11, Fa0/12, Fa0/13, Fa0/14
                                                Fa0/15, Fa0/16, Fa0/17, Fa0/18
                                                Fa0/19, Fa0/20, Fa0/21, Fa0/22
1002 fddi-default                     act/unsup
1003 token-ring-default               act/unsup
1004 fddinet-default                  act/unsup
1005 trnet-default                    act/unsup
```

图 2-10　正确的 VLAN 划分

步骤 7：再次测试 PC1 和 PC2 的连通性。此时两台计算机因为分属于不同的 VLAN，不能连通，如图 2-11 所示，这说明业务隔离成功，完成任务。

```
PC>ipconfig

IP Address......................: 192.168.50.101
Subnet Mask.....................: 255.255.255.0
Default Gateway.................: 0.0.0.0

PC>ping 192.168.50.201

Pinging 192.168.50.201 with 32 bytes of data:

Request timed out.
Request timed out.
Request timed out.
Request timed out.
```

图 2-11　划分 VLAN 后两台计算机相互不连通

知识链接

1．VLAN 概述

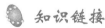

VLAN（Virtual Local Area Network）即虚拟局域网，是一种通过将局域网内的设备逻辑地而不是物理地划分成一个个网段从而实现虚拟工作组的新兴技术。IEEE 于 1999 年颁布了用以标准化 VLAN 实现方案的 802.1Q 协议标准草案。

VLAN 技术允许网络管理者将一个物理的局域网逻辑地划分成不同的广播域（即虚拟局域网，VLAN），每一个 VLAN 都包含一组有着相同需求的计算机工作站，与物理上形成的 LAN

有着相同的属性。但由于它是逻辑地而不是物理地划分，所以同一个 VLAN 内的各个工作站无须被放置在同一个物理空间里，即这些工作站不一定属于同一个物理 LAN 网段。一个 VLAN 内部的广播和单播流量都不会转发到其他 VLAN 中，从而有助于控制流量，减少设备投资，简化网络管理，提高网络的安全性。

VLAN 是为解决以太网的广播问题和安全性而提出的一种协议，它在以太网帧的基础上增加了 VLAN 头，用 VLAN ID 把用户划分为更小的工作组，限制不同工作组间的用户二层互访，每个工作组就是一个虚拟局域网。虚拟局域网的好处是可以限制广播范围，并能够形成虚拟工作组，动态管理网络。

VLAN 在交换机上的实现方法，大致主要有以下几类：

① 基于端口划分的 VLAN；

② 基于 MAC 地址划分 VLAN；

③ 基于网络层划分 VLAN。

2．基于端口划分的 VLAN

这种划分 VLAN 的方法是根据以太网交换机的端口来划分，比如 Quidway S3526 的 1 ～ 4 端口为 VLAN 10，5 ～ 17 为 VLAN 20，18 ～ 24 为 VLAN 30，当然，这些属于同一 VLAN 的端口可以不连续，如何配置由管理员决定。如果有多台交换机，例如，可以指定交换机 1 的 1 ～ 6 端口和交换机 2 的 1 ～ 4 端口为同一 VLAN，即同一 VLAN 可以跨越数个以太网交换机。根据端口划分是目前定义 VLAN 的最广泛的方法，IEEE 802.1Q 规定了依据以太网交换机的端口来划分 VLAN 的国际标准。

这种划分方法的优点是定义 VLAN 成员时非常简单，只要将所有的端口都指定义一下就可以了。它的缺点是如果某个 VLAN 的用户离开了原来的端口，到了一个新的交换机的某个端口，那么就必须重新定义。

3．VLAN 配置相关命令

（1）Switch (config)# vlan 2
　　// 建立 VLAN 2

（2）Switch (config)# no vlan 2
　　// 删除 VLAN 2

（3）Switch(config)#int f0/1
　　// 进入端口 F0/1

（4）Switch(config-if)#switchport access vlan 2
　　// 将当前端口加入 VLAN 2

（5）Switch(config)# int range f0/1-12
　　// 进入组端口 F0/1 ～ F0/12

任务拓展

1．如图 2-12 所示，按拓扑图中要求进行 VLAN 业务隔离，并测试。

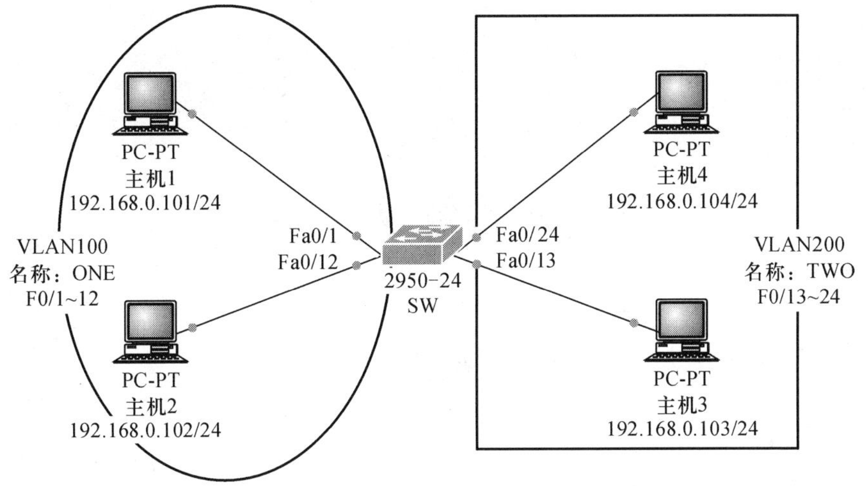

图 2-12　拓展任务拓扑图

2. 如果有一同学在尝试以上任务时，发现主机 1 和主机 2 不能连通，可能的问题有哪些？

3. 某 IT 公司拥有 21 台计算机，分别属于 3 个工作小组，每小组 7 台，连在同一台二层交换机上。出于公平竞争的考虑，每个小组的 PC 只能访问同组的 PC，不能访问其他小组的 PC。作为网络管理员，请你对该公司的网络进行规划和设置。

任务评价

通过本任务的学习，给自己的学习打个分吧。

评分内容	分值	自评分	小组评分
了解基于端口的 VLAN 划分	10		
能创建 VLAN 并命名	15		
能将端口划分到要求 VLAN	25		
能进行 VLAN 相关的测试	20		
熟记 VLAN 的相关命令并排错	30		
合计	100		

模块小结

通过本模块的学习，我们掌握了 VLAN 技术的特点，并能对单交换机端口进行简单的 VLAN 划分，实现业务隔离。我们可以通过以下问题对本模块内容进行回顾并进一步提升：

1. VLAN 是什么？基于端口的 VLAN 划分有什么特性？

2. 将交换机的端口分别划分到多个 VLAN 中，需要经过哪些步骤？分别使用哪些配置命令实现？

模块3

虚拟局域网的深入应用

工作任务 跨交换机相同 VLAN 通信

任务描述

假设某办公楼有两个公司：公司 A 和公司 B，由于办公楼布线与办公室分布不一致，两个公司的个人计算机系统连接在两台不同的交换机上，两台交换机之间通过交叉线互连。同一公司的计算机系统之间需要相互进行通信，但为了数据安全起见，两个公司需要进行相互隔离，现要在两台交换机上做适当配置来实现这一目标。

任务准备

1. 每组两台常用可管理交换机，型号自定，如 Cisco 2950。
2. 每组两台以上 PC，有一个以上串口，并安装有“超级终端”程序。
3. 每组一根交换机配套的串口控制线缆。
4. 实验拓扑如图 2-13 所示。

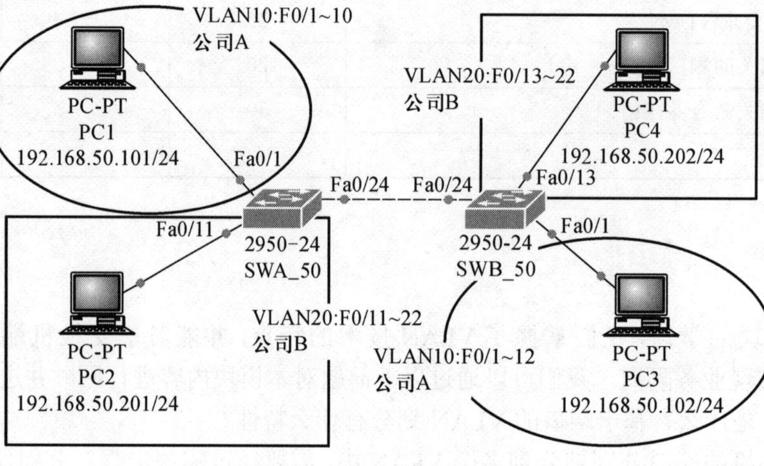

图 2-13 任务参考拓扑图

任务实施

步骤 1：分别设置两台交换机的设备名。

```
Switch>enable
Switch#conf t
Switch(config)#hostname  SWA_50
// 为交换机 SWA_50 命名
Switch>enable
Switch#conf t
Switch(config)# hostname  SWB_50
// 为交换机 SWB_50 命名
SWB_50(config)#
```

步骤 2：在 SWA_50 上创建 VLAN 并划分端口。

```
SWA_50(config)# vlan  10
// 创建 VLAN10
SWA_50(config-vlan)# vlan  20
// 创建 VLAN20
SWA_50(config-vlan)# exit
SWA_50(config)# int  range  f0/1-10
SWA_50(config-if-range)# switchport  access  vlan  10
// 将端口 Fa0/1 ～ Fa0/10 划分给 VLAN10
SWA_50(config-if-range)# exit
SWA_50(config)# int  range  f0/11-22
SWA_50(config-if-range)# switchport  access  vlan  20
// 将端口 Fa0/11 ～ Fa0/22 划分给 VLAN20
SWA_50(config-if-range)#
```

步骤 3：在 SWB_50 上创建 VLAN 并划分端口。

```
SWB_50(config)# vlan  10
// 创建 VLAN10
SWB_50(config-vlan)# vlan  20
// 创建 VLAN20
SWB_50(config-vlan)# exit
SWB_50(config)# int  range  f0/1-12
SWB_50(config-if-range)# switchport  access  vlan  10
// 将端口 Fa0/1 ～ Fa0/12 划分给 VLAN10
SWB_50(config-vlan)# exit
```

SWB_50(config)# int range f0/13-22

SWB_50(config-if-range)# switchport access vlan 20

// 将端口 Fa0/13 ～ Fa0/22 划分给 VLAN20

SWB_50(config-if-range)#

步骤 4： 按拓扑图设置 4 台计算机的 IP 地址，使用 ping 命令测试 4 台计算机的连通性，可得表 2-2 所示结果。

表 2-2 配置 VLAN 前连通性测试结果

	PC1	PC2	PC3	PC4
PC1	√			
PC2		√		
PC3			√	
PC4				√

注："√"表示连通，其他为不连通，下同。

步骤 5： 将 SWA 上的交换机互连端口 Fa0/24 设置为 Trunk 模式。

SWA_50(config)#int f0/24

SWA_50(config-if)#switchport mode trunk

SWA_50(config-if)#

步骤 6： 将 SWB 上的交换机互连端口 Fa0/24 设置为 Trunk 模式。

SWB_50(config)# int f0/24

SWB_50(config-if)# switchport mode trunk

SWB_50(config-if)#

步骤 7： 再次测试四台 PC 的连通性，得表 2-3 所示结果。

表 2-3 配置 VLAN 后连通性测试结果

	PC1	PC2	PC3	PC4
PC1	√		√	
PC2		√		√
PC3	√		√	
PC4		√		√

步骤 8： 将表 2-2 的测试结果与表 2-1 的测试结果进行比较和分析。

此时 PC3 和 PC1 都属于 VLAN 10，它们的 IP 地址都在 C 类网络 192.168.50.0/24 内，所以连通；PC4 和 PC2 属于 VLAN 20，它们的 IP 地址也在 C 类网络 192.168.50.0/24 内，所以连通；但两个 VLAN 之间却不能连通。可发现对交换机间的互连端口设置为 Trunk 模式后，不管计算机连接在哪台交换机上，只要属于同一 VLAN，且 IP 地址设置正确，即能跨交换机实现相同 VLAN 的连通。完成任务。

知识链接

1. IEEE 802.11q 协议的基本知识

IEEE 802.1q 协议也就是虚拟局域网协议，主要规定了 VLAN 的实现方法。IEEE 802.1q 协议为标识带有 VLAN 成员信息的以太帧建立了一种标准方法。IEEE 802.1q 标准定义了 VLAN 网桥操作，从而允许在桥接局域网结构中实现定义、运行以及管理 VLAN 拓扑结构等操作。

Cisco 交换机有两种端口类型：Access 和 Trunk。理解了这两种类型，也就理解了交换的 VLAN 基本原理。

（1）Access 端口

Access 端口是为了连接终端设备而设计的。由于大部分终端设备都是不支持（其实也不需要）VLAN TAG 的，所以连接终端设备的端口只需要在一个 VLAN 中，而且是 UNTAG 的。Access 端口就是这样的。如果将端口配置为 Access 模式，该端口就只能在一个 VLAN（也就是 Access VLAN）中，而且该端口在该 VLAN 中的属性是 UNTAG 的。从某种意义上说，该 VLAN 也就是该端口的 PVID。

（2）Trunk 端口

Trunk 端口用于连接上行设备（路由器、交换机等支持多 VLAN 的设备）。通常情况下，上行端口需要汇聚多个 VLAN 的流量，所以该端口应该属于多个 VLAN。如果将端口配置为 Trunk 模式，该端口可以属于多个 VLAN。在 Cisco 设备中，习惯称该端口可以允许多个 VLAN 通过。该端口在一个 VLAN 中是 UNTAG 的，也就是该端口的 PVID，在 Cisco 设备中，称为 Native VLAN。该端口在其他的 VLAN 中都是 TAG 的。

2. 跨交换机相同 VLAN 互通的设置方法

跨交换机实现相同 VLAN 互通的关键是将交换机间的互联端口设置成 Trunk 模式。如将 F0/24 口设置成 Trunk 模式的命令序列为：

```
switch(config)# interface f0/24
switch(config-if)#switchport mode trunk
```

任务拓展

1. 如图 2-14 所示，搭建由 3 台二层交换机连接成的交换网络，进行设置，实现不同交换机上相同 VLAN 中的计算机能相互连通，计算机的 IP 地址和每个 VLAN 的端口划分请读者根据掌握的知识自由规划。

2. 如网络中属于相同 VLAN 的计算机不能连通，可能的问题有哪些？

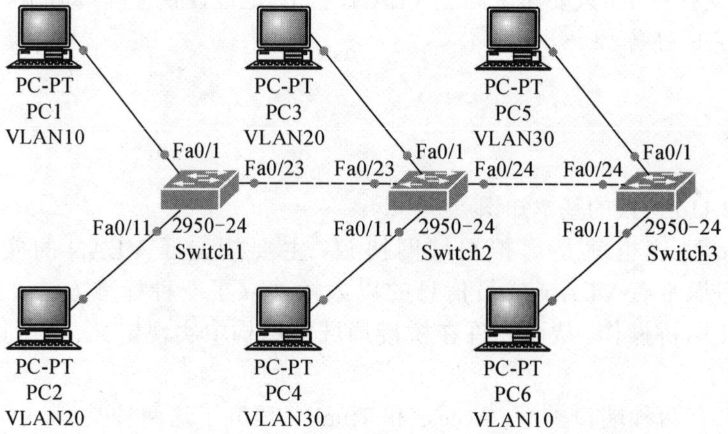

图 2-14 拓展任务参考拓扑图

任务评价

通过本任务的学习，给自己的学习打个分吧。

评 分 内 容	分 值	自 评 分	小 组 评 分
能熟练地创建 VLAN 并划分端口	30		
能理解多交换机相同 VLAN 互连的关键原理	20		
能设置交换机互连端口为 Trunk 模式	20		
能进行相关的排错	30		
合计	100		

模块小结

通过本模块的学习，我们对 VLAN 技术有了进一步的掌握，能对多交换机进行综合性的 VLAN 配置与管理，实现多交换机 VLAN 的隔离，解决了实际问题。我们可以通过以下问题对本模块内容进行回顾并进一步提升：

1. 对多交换机进行业务隔离，实现多交换机相同 VLAN 连通有什么现实意义？
2. 实现多交换机相同 VLAN 连通的关键技术和命令是什么？

模块4 交换机三层交换的简单实现

工作任务 利用三层交换机实现 VLAN 间路由

任务描述

为减小广播包对公司网络的影响，网络管理员对公司内部网络进行了 VLAN 的划分。但完成 VLAN 的划分后，发现不同 VLAN 之间无法互相访问。本任务主要通过配置三层交换机的 SVI（交换虚拟接口）实现 VLAN 间的路由，以达到不同 VLAN 间实现相互连通的目的。

任务准备

1. 每组一台常用可管理三层交换机，型号自定，如 Cisco 3560 均可。
2. 每组两台以上 PC，有一个以上串口，并安装有“超级终端”程序。
3. 每组一根交换机配套的串口控制线缆。
4. 每组两根以上直连双绞线。
5. 实验拓扑如图 2-15 所示。

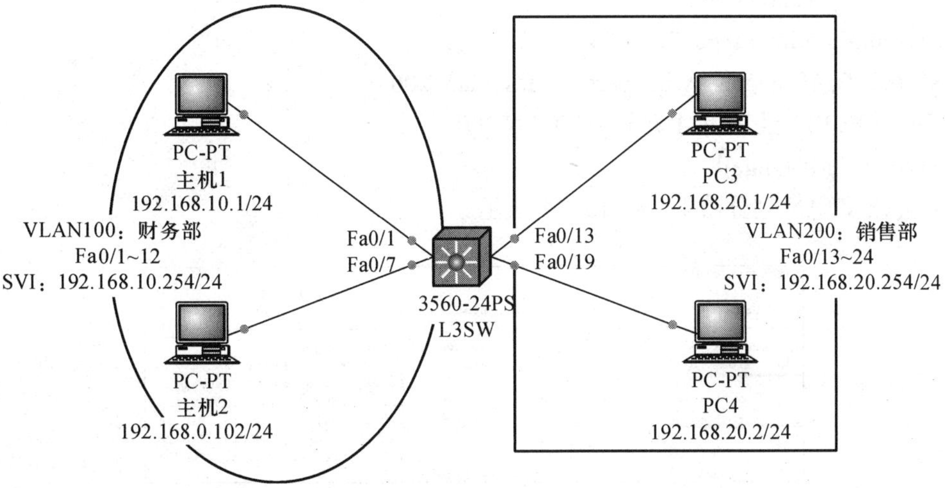

图 2-15 任务参考拓扑图

任务实施

步骤 1：设置交换机主机名。

```
switch>enable
switch#conf t
switch(config)# hostname L3SW
L3SW(config)#
```

步骤 2：在交换机上按要求创建 VLAN 并划分端口，如表 2-4 所示。

表 2-4 VLAN 端口划分

VLAN 编号	VLAN 名称	拥有的端口
100	caiwu	Fa0/1 ～ Fa0/12
200	xiaoshou	Fa0/13 ～ Fa0/24

```
L3SW(config)# vlan 100
L3SW(config-vlan)# name caiwu
// 创建并命名财务部的 VLAN 100
L3SW(config-vlan)# vlan 200
L3SW(config-vlan)# name xiaoshou
// 创建并命名销售部的 VLAN 200
L3SW(config-vlan)# exit
L3SW(config)# int range f0/1-12
L3SW(config-if-range)# switchport access vlan 100
// 将端口 Fa0/1 至 Fa0/12 划分到 VLAN 100
L3SW(config-vlan)# exit
L3SW(config)# int range f0/13-24
L3SW(config-if-range)# switchport access vlan 200
// 将端口 Fa0/13 至 Fa0/24 划分到 VLAN 200
L3SW(config-if-range)#
```

查看验证 VLAN 划分结果，如图 2-16 所示。

```
L3SW#show vlan

VLAN Name                             Status    Ports
---- -------------------------------- --------- -------------------------------
1    default                          active    Gig0/1, Gig0/2
100  caiwu                            active    Fa0/1, Fa0/2, Fa0/3, Fa0/4
                                                Fa0/5, Fa0/6, Fa0/7, Fa0/8
                                                Fa0/9, Fa0/10, Fa0/11, Fa0/12
200  xiaoshou                         active    Fa0/13, Fa0/14, Fa0/15, Fa0/16
                                                Fa0/17, Fa0/18, Fa0/19, Fa0/20
                                                Fa0/21, Fa0/22, Fa0/23, Fa0/24
1002 fddi-default                     act/unsup
```

图 2-16 当前 VLAN 划分情况

根据已经掌握的 VLAN 相关知识，此时相同 VLAN 的计算机只要设置为同一网段的，IP 地址就会连通，但不同 VLAN 的计算机则不能连通。

步骤 3：在交换机上设置三层 SVI 接口 IP 地址，作为该 VLAN 的网关。

```
L3SW(config)# int vlan 100
L3SW(config-if)# ip add 192.168.10.254 255.255.255.0
L3SW(config-if)# no shut
// 设置 VLAN100 的 SVI 虚接口 IP 地址 192.168.10.254/24，并激活该端口
L3SW(config)# int vlan 200
L3SW(config-if)# ip add 192.168.20.254 255.255.255.0
L3SW(config-if)# no shut
// 设置 VLAN200 的 SVI 虚接口 IP 地址 192.168.20.254/24，并激活该端口
```

步骤 4：设置各计算机的网关为三层交换机相应 VLAN 的 IP 地址，测试连通性，如图 2-17 所示，此时不同 VLAN 的计算机通过三层交换实现连通。

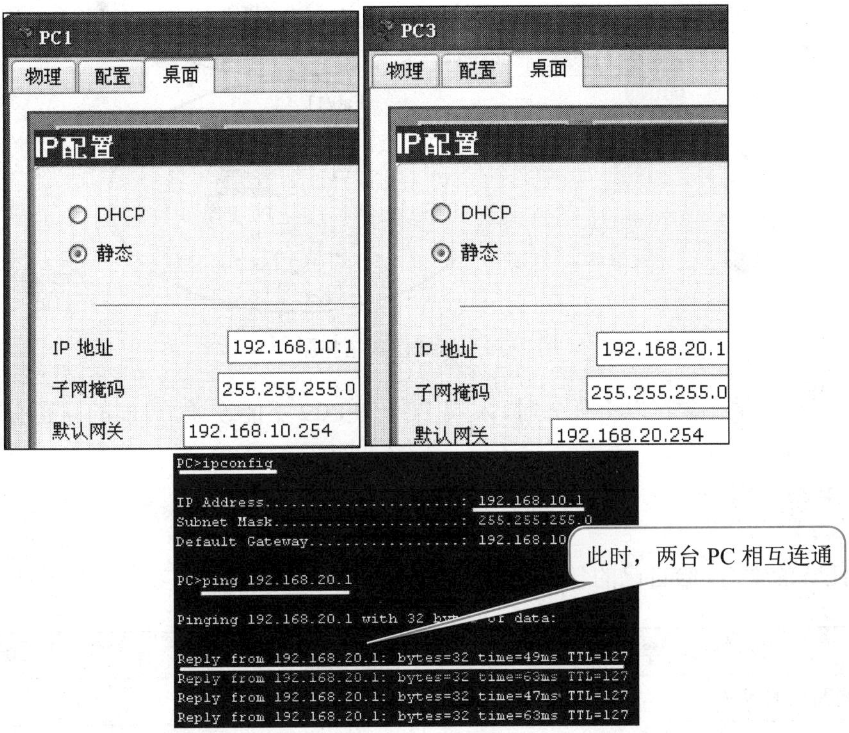

图 2-17　属于不同 VLAN 的 PC1 和 PC3 通过三层交换实现连通

知识链接

在交换网络中，通过 VLAN 对一个物理网络进行了逻辑划分，不同的 VLAN 之间是无法直接访问的，需要通过三层设备对数据进行路由转发才可以实现。一般利用路由器或三层交换机

来实现不同VLAN之间的互相访问。三层交换机和路由器一样具备网络层的功能，利用三层交换机的路由功能，能够根据数据的IP包头信息，进行路由选择和转发，从而实现不同网段之间的访问。

三层交换机给接口配置IP地址，采用SVI（交换虚拟接口）的方式实现VLAN间互连。SVI是指为交换机中的VLAN创建的虚拟接口，需为其配置IP地址。

任务拓展

1. 如图2-18所示，通过对二层和三层交换机进行分别设置，实现2台不同VLAN的计算机通过三层交换连通。

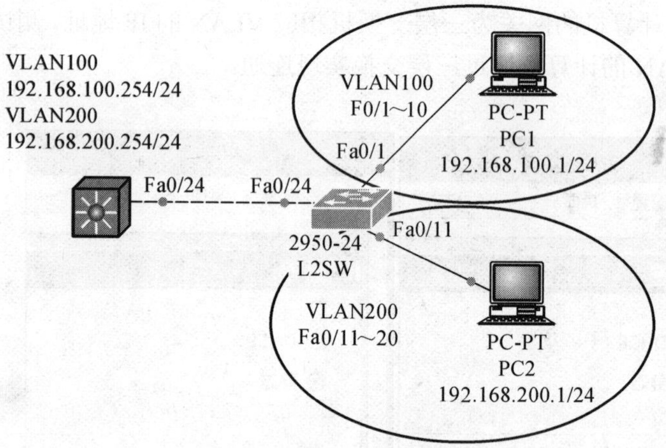

图2-18 拓展任务拓扑图

2. 如果有一同学在尝试以上任务时，发现PC1和PC2不能连通，可能的问题有哪些？

任务评价

通过本任务的学习，给自己的学习打个分吧。

评分内容	分值	自评分	小组评分
了解VLAN间路由的意义	15		
掌握不同VLAN间路由的关键原理	15		
能对SVI三层虚接口进行设置	20		
能设置PC的网关实现VLAN间路由	20		
能进行相关的排错	30		
合计	100		

模块小结

通过本模块的学习，我们对 VLAN 技术有了进一步的了解，掌握了使用三层交换技术实现 VLAN 间路由的方法，使得不同 VLAN 的计算机设备能相互连通。我们可以通过以下问题对本模块内容进行回顾并进一步提升：

1．如何在划分了 VLAN 的交换机上实现不同 VLAN 间路由？具体命令有哪些？

2．要实现不同 VLAN 的两台计算机相互连通，除了在三层交换机上进行 SVI 接口的设置，还需要在计算机上进行哪些设置？

模块 5 中小型局域网中 DHCP 服务的高级设置

工作任务 1 利用路由器配置 DHCP 单地址池

任务描述

某公司内部办公网络网段为 192.168.1.0/24，默认网关为 192.168.1.254。随着办公计算机的日益增多，每台公司的计算机均需要配置 IP 地址等网络属性，网络管理员不堪重负。为了降低手工配置的工作量，网络管理员想利用现有的路由器配置 DHCP 服务器来动态分配 IP。网络中要求域名服务器为：202.101.172.35、202.101.172.36；地址段 192.168.1.201/24 ～ 192.168.1.253/24 保留给公司服务器使用，不允许分配给客户端；MAC 地址为 0007.EC65.58C9 的主机，分配的地址指定为 192.168.1.18。

任务准备

1. 每组一台交换机，型号自定，如 Cisco 3560。
2. 每组一台路由器，型号自定，如 Cisco 2811。
3. 每组两台以上 PC，有一个以上串口，并安装有“超级终端”程序。
4. 每组一根交换机配套的串口控制线缆。
5. 每组两根以上直连双绞线。
6. 实验拓扑如图 2-19 所示。

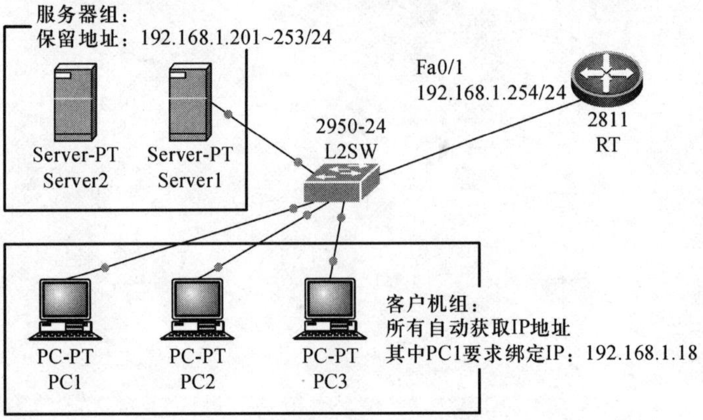

图 2-19 任务 1 参考拓扑图

任务实施

步骤 1：设置路由器、交换机主机名。

```
Router>enable
Router#conf  t
Router(config)# hostname  RT
RT(config)#

Switch>enable
Switch#conf   t
Switch(config)# hostname  L2SW
L2SW(config)#
```

步骤 2：在路由器上设置端口 IP 地址。

```
RT(config)# int  f0/1
RT(config-if)# ip  add  192.168.1.254  255.255.255.0
RT(config-if)# no  shut
// 设置端口 Fa0/1 的 IP 地址，并开启端口
```

步骤 3：在路由器上配置 DHCP 地址池。

```
RT(config)# service  dhcp
// 开启路由器的 DHCP 服务
RT(config)# ip  dhcp  pool  LAN1
// 建立 DHCP 地址池 LAN1
RT(dhcp-config)# network  192.168.1.0  255.255.255.0
// 配置 DHCP 服务器地址池地址
RT(dhcp-config)# dns-server  202.101.172.35  202.101.172.36
// 配置 DNS 服务器地址
RT(dhcp-config)# default-router 192.168.1.254
// 配置默认网关地址
```

步骤 4：配置 DHCP 服务器地址池中排除的 IP 地址。

```
RT(dhcp-config)#exit
RT(config)#ip dhcp excluded-address 192.168.1.201 192.168.1.253
```

步骤 5：配置手工地址绑定。

```
RT(config)# ip  dhcp  pool  mac-ip
// 建立 DHCP 地址池 mac-ip
RT(dhcp-config)# hardware-address  0007.EC65.58C9
// 配置绑定的 MAC 地址 (MAC 地址请根据实际情况设置 )
RT(dhcp-config)# host  192.168.1.18  255.255.255.0
```

// 配置绑定的 IP 地址、子网掩码
RT(dhcp-config)# dns-server 202.101.172.35 202.101.172.36
// 配置 DNS 服务器地址
RT(dhcp-config)# default-router 192.168.1.254
// 配置默认网关地址

步骤 6：验证测试。

将 PC2 连接到交换机上，将本地连接地址配置选项设置为“自动获取 IP 地址”，测试结果如图 2-20 所示，可以证明 PC2 通过 DHCP 获得了指定网段的 IP 地址。

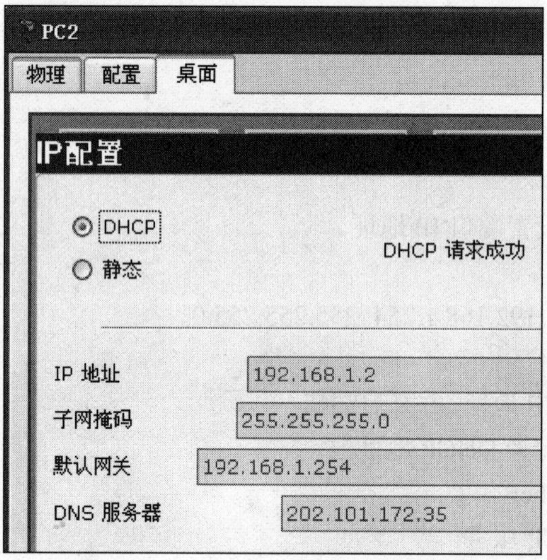

图 2-20 PC2 通过 DHCP 自动获取 IP 地址

将 PC1 连接到交换机上，将本地连接地址配置选项设置为“自动获取 IP 地址”，测试结果如图 2-21 所示，可以证明 PC1 通过 DHCP 获取了指定的 IP 地址。

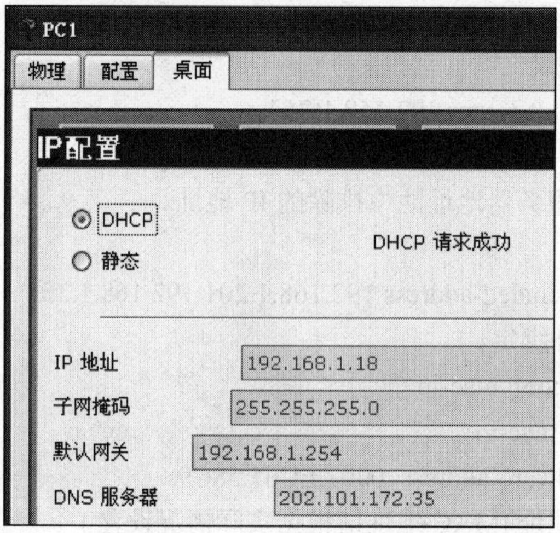

图 2-21 PC1 通过 DHCP 获取了指定的 IP 地址

也在路由器上使用 show ip dhcp binding 命令来验证 DHCP 地址的分配情况。

知识链接

DHCP 是“Dynamic Host Configuration Protocol”（动态主机配置协议）缩写，它的前身是 BOOTP。DHCP 分为两个部分：一个是服务器端，另一个是客户端。所有的 IP 网络设定数据都由 DHCP 服务器集中管理，并负责处理客户端的 DHCP 要求；而客户端则会使用从服务器分配下来的 IP 环境数据。比较起 BOOTP，DHCP 通过“租约”的形式，有效且动态地分配客户端的 TCP/IP 设定，并且能够设定地址绑定。要实现客户端的 IP 地址分配，必须至少有一台 DHCP 服务器，它会监听网络的 DHCP 请求，并与客户端磋商 TCP/IP 的设定环境。

任务评价

通过本任务的学习，给自己的学习打个分吧。

评分内容	分　值	自 评 分	小 组 评 分
了解 DHCP 的原理	15		
能根据要求配置地址池网段	15		
能从地址池中排除 IP 地址	20		
能配置 DNS 服务器、网关地址等	20		
能进行相关的测试、排错	30		
合计	100		

工作任务 2　利用三层交换机实现多地址池 DHCP

任务描述

某公司有 4 个部门，每个部门对应 1 个 VLAN。为了降低管理成本，网络管理员计划在三层交换机上配置 DHCP 服务，使各部门中的 PC 能申请到本 VLAN 网段的 IP 地址。经规划，4 个 VLAN 网段分配如下：VLAN10：192.168.10.0/24；VLAN20：192.168.20.0/24；VLAN30：192.168.30.0/24；VLAN40：192.168.40.0/24。各 VLAN 的网关均是该 VLAN 网段中的最大地址，DNS 服务器设置为 202.101.172.35。每个 VLAN 中主机位是 1 ～ 100 的 IP 地址不允许分配给客户端。

任务准备

1. 每组一台常用可管理三层交换机，型号自定，如 Cisco 3560。

2．每组两台常用可管理二层交换机，型号自定，如 Cisco 2950。

3．每组两台以上 PC，有一个以上串口，并安装有“超级终端”程序。

4．每组一根交换机配套的串口控制线缆。

5．每组两根以上直连双绞线，两根以上交叉双绞线。

6．实验拓扑如图 2-22 所示。

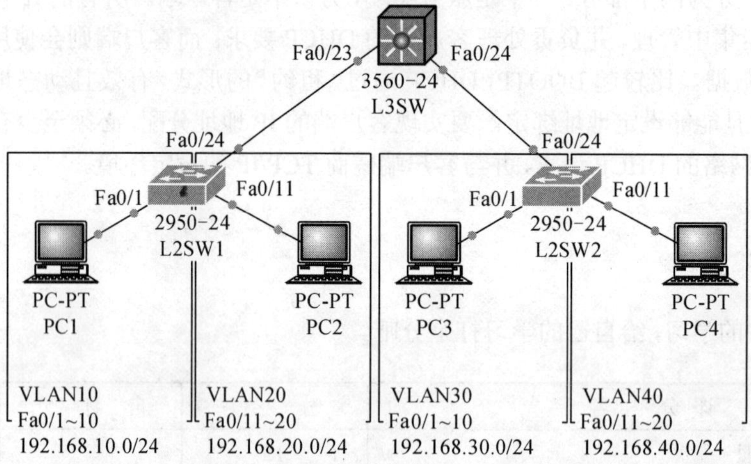

图 2-22 任务 2 参考拓扑图

任务实施

步骤 1：设置各交换机主机名。

```
Switch>enable
Switch#conf t
Switch(config)#hostname L3SW
L3SW(config)#

Switch>enable
Switch#conf t
Switch(config)#hostname L2SW1
L2SW1(config)#

Switch>enable
Switch#conf t
Switch(config)#hostname L2SW2
L2SW2(config)#
```

步骤 2：为交换机创建 VLAN。

```
L3SW(config)# vlan 10
```

```
L3SW(config-vlan)# vlan 20
L3SW(config-vlan)# vlan 30
L3SW(config-vlan)# vlan 40
L3SW(config-vlan)#
// 在 L3SW 上创建 VLAN10、VLAN20、VLAN30、VLAN40
L2SW1(config)# vlan 10
L2SW1(config-vlan)# vlan 20
L2SW1(config-vlan)#
// 在 L2SW1 上创建 VLAN10、VLAN20
L2SW2(config)# vlan 30
L2SW2(config-vlan)# vlan 40
L2SW2(config-vlan)#
// 在 L2SW2 上创建 VLAN30、VLAN40
```

步骤 3：设置 VLAN10、VLAN20、VLAN30、VLAN40 的三层 SVI 接口的 IP 地址。

```
L3SW(config)# int vlan 10
L3SW(config-if)# ip add 192.168.10.254
L3SW(config-if)# no shut

L3SW(config)# int vlan 20
L3SW(config-if)# ip add 192.168.20.254
L3SW(config-if)# no shut

L3SW(config)# int vlan 30
L3SW(config-if)# ip add 192.168.30.254
L3SW(config-if)# no shut

L3SW(config)# int vlan 40
L3SW(config-if)# ip add 192.168.40.254
L3SW(config-if)# no shut
```

步骤 4：配置 Trunk 及划分 VLAN 端口。

```
L3SW(config)# int range f0/23-24
L3SW(config-if-range)# switchport mode trunk
L3SW(config-if-range)#
// 将 L3SW 的 Fa0/23 ～ Fa0/24 设置为 Trunk 模式
L2SW1(config)# int f0/24
L2SW1(config-if)# switchport mode trunk
// 将 L2SW1 的 Fa0/24 设置为 Trunk 模式
L2SW1(config-if)# exit
```

```
L2SW1(config)# int range f0/1-10
L2SW1(config-if-range)# switchport access vlan 10
L2SW1(config-if-range)# exit
L2SW1(config)# int range f0/11-20
L2SW1(config-if-range)# switchport access vlan 20
L2SW1(config-if-range)#
// 按要求划分 L2SW1 的 VLAN 端口
L2SW2(config)# int f0/24
L2SW2(config-if)# switchport mode trunk
// 将 L2SW2 的 Fa0/24 设置为 Trunk 模式
L2SW2(config-if)# exit
L2SW2(config)# int range f0/1-10
L2SW2(config-if-range)# switchport access vlan 30
L2SW2(config-if-range)# exit
L2SW2(config)# int range f0/11-20
L2SW2(config-if-range)# switchport access vlan 40
// 按要求划分 L2SW2 的 VLAN 端口
```

步骤 5：配置 DHCP 地址池和排除地址。

```
L3SW(config)# service dhcp
// 开启 DHCP 服务
L3SW(config)# ip dhcp pool VLAN10
L3SW(dhcp-config)# network 192.168.10.0 255.255.255.0
L3SW(dhcp-config)# default-router 192.168.10.254
L3SW(dhcp-config)# dns-server 202.101.172.35
// 配置 VLAN10 的地址池及 VLAN10 网段、DNS 服务器和默认网关地址
L3SW(dhcp-config)# exit
L3SW(config)# ip dhcp pool VLAN20
L3SW(dhcp-config)# network 192.168.20.0 255.255.255.0
L3SW(dhcp-config)# default-router 192.168.20.254
L3SW(dhcp-config)# dns-server 202.101.172.35
// 配置 VLAN20 的地址池及 VLAN20 网段、DNS 服务器和默认网关地址
L3SW(dhcp-config)# exit
L3SW(config)# ip dhcp pool VLAN30
L3SW(dhcp-config)# network 192.168.30.0 255.255.255.0
L3SW(dhcp-config)# default-router 192.168.30.254
L3SW(dhcp-config)# dns-server 202.101.172.35
// 配置 VLAN30 的地址池及 VLAN30 网段、DNS 服务器和默认网关地址
L3SW(dhcp-config)# exit
```

```
L3SW(config)# ip dhcp pool VLAN40
L3SW(dhcp-config)# network 192.168.40.0 255.255.255.0
L3SW(dhcp-config)# default-router 192.168.40.254
L3SW(dhcp-config)# dns-server 202.101.172.35
// 配置 VLAN40 的地址池及 VLAN40 网段、DNS 服务器和默认网关地址
L3SW(dhcp-config)# exit
L3SW(config)# ip dhcp excluded-address 192.168.10.1 192.168.10.100
// 排除地址 192.168.10.1 ～ 192.168.10.100
L3SW(config)# ip dhcp excluded-address 192.168.20.1 192.168.20.100
// 排除地址 192.168.20.1 ～ 192.168.20.100
L3SW(config)# ip dhcp excluded-address 192.168.30.1 192.168.30.100
// 排除地址 192.168.30.1 ～ 192.168.30.100
L3SW(config)# ip dhcp excluded-address 192.168.40.1 192.168.40.100
// 排除地址 192.168.40.1 ～ 192.168.40.100
```

步骤 6： 验证测试配置。

将各台计算机分别连接到 4 个 VLAN 的交换机端口上，设置为“自动获取 IP 地址”，测试结果如图 2-23 所示，完成任务。

图 2-23　任务 2 测试参考结果

知识链接

在三层交换机上建立多个 DHCP 地址后，各 VLAN 中的计算机向 DHCP 服务器申请 IP 地址时，DHCP 服务器根据申请者所在的 VLAN 分配相应的 IP 地址。

任务拓展

如图 2-24 所示，对网络进行设置，使交换机 Cisco 3560 为 VLAN10、VLAN20 中的计算机提供 DHCP 服务，具体要求见图中标注。

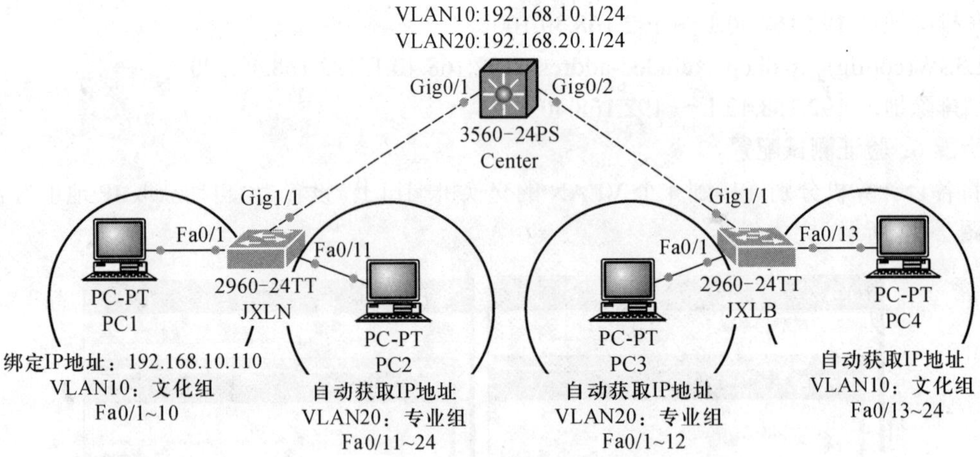

图 2-24 扩展任务参考拓扑图

任务评价

通过本任务的学习，给自己的学习打个分吧。

评 分 内 容	分 值	自 评 分	小 组 评 分
能使用三层交换机配置多地址池 DHCP	20		
能使用三层交换机配置地址池属性	15		
能使用三层交换机排除地址池范围	15		
能使用三层交换机绑定 PC 的 IP 地址	20		
能进行简单的 DHCP 排错	30		
合计	100		

工作任务 3　DHCP 中继转发

任务描述

某公司有 3 个部门，每个部门对应 1 个 VLAN，公司的服务器另组成一个 VLAN。为了降低管理成本，网络管理员在服务器组中配置了 DHCP 服务器(192.168.4.100/24)，要使该服务器为 3 个部门中的 PC 动态分配 IP 地址。经规划，4 个 VLAN 网段分配如下：VLAN101：192.168.1.0/24；VLAN102：192.168.2.0/24；VLAN103：192.168.3.0/24；VLAN104：192.168.4.0/24。各 VLAN 的网关均是该 VLAN 网段中的最大地址，DNS 服务器设置为 202.101.172.35。3 个部门 VLAN 中主机位是 51 ～ 100 的 IP 地址不允许分配给客户端。

任务准备

1. 每组一台常用可管理三层交换机，型号自定，如 Cisco 3560 均可。
2. 每组两台以上 PC，有一个以上串口，并安装有“超级终端”程序。
3. 每组一根交换机配套的串口控制线缆。
4. 每组两根以上直连双绞线，两根以上交叉双绞线。
5. 实验拓扑如图 2-25 所示。

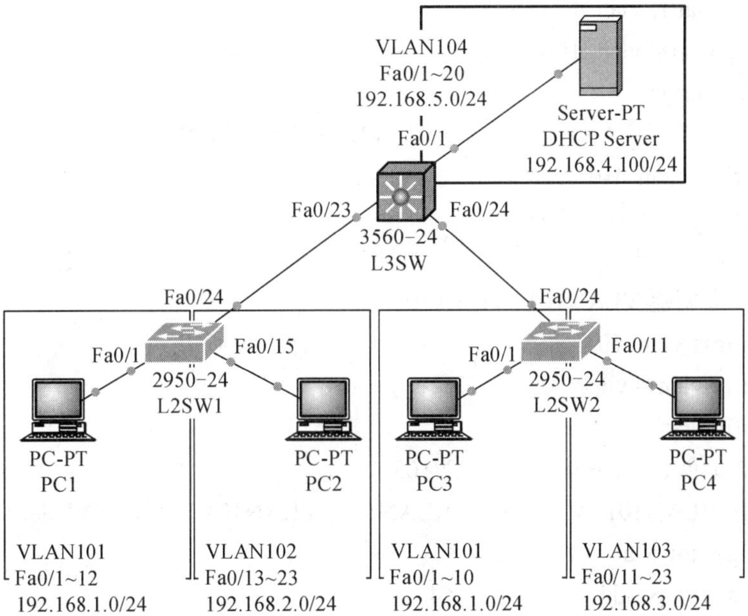

图 2-25　任务 3 参考拓扑图

任务实施

步骤 1：设置交换机主机名。

```
Switch>enable
Switch#conf t
Switch(config)#hostname L3SW
L3SW(config)#

Switch>enable
Switch#conf t
Switch(config)#hostname L2SW1
L2SW1(config)#

Switch>enable
Switch#conf t
Switch(config)#hostname L2SW2
L2SW2(config)#
```

步骤 2：为交换机创建 VLAN。

```
L3SW(config)# vlan 101
L3SW(config-vlan)# vlan 102
L3SW(config-vlan)# vlan 103
L3SW(config-vlan)# vlan 104
L3SW(config-vlan)#
// 在 L3SW 上创建 VLAN101、VLAN102、VLAN103、VLAN104
L2SW1(config)# vlan 101
L2SW1(config-vlan)# vlan 102
L2SW1(config-vlan)#
// 在 L2SW1 上创建 VLAN101、VLAN102
L2SW2(config)# vlan 101
L2SW2(config-vlan)# vlan 103
L2SW2(config-vlan)#
// 在 L2SW2 上创建 VLAN101、VLAN103
```

步骤 3：设置 VLAN101、VLAN102、VLAN103、VLAN104 的三层 SVI 接口的 IP 地址。

```
L3SW(config)# int vlan 101
L3SW(config-if)# ip add 192.168.1.254
L3SW(config-if)# no shut
```

```
L3SW(config)# int vlan 102
L3SW(config-if)# ip add 192.168.2.254
L3SW(config-if)# no shut

L3SW(config)# int vlan 103
L3SW(config-if)# ip add 192.168.3.254
L3SW(config-if)# no shut

L3SW(config)# int vlan 104
L3SW(config-if)# ip add 192.168.4.254
L3SW(config-if)# no shut
```

步骤 4：配置 Trunk 及划分 VLAN 端口。

```
L3SW(config)# int range f0/23-24
L3SW(config-if-range)# switchport mode trunk
L3SW(config-if-range)#
// 将 Fa0/23 ～ Fa0/24 设置为 Trunk 模式
L3SW(config)# int range f0/1-20
L3SW(config-if-range)# switchport access vlan 104
// 按要求划分 L3SW 的 VLAN 端口
L2SW1(config)# int f0/24
L2SW1(config-if)# switchport mode trunk
// 将 L2SW1 的 F0/24 设置为 Trunk 模式
L2SW1(config-if)# exit
L2SW1(config)# int range f0/1-12
L2SW1(config-if-range)# switchport access vlan 101
L2SW1(config-if-range)# exit
L2SW1(config)# int range f0/13-23
L2SW1(config-if-range)# switchport access vlan 102
L2SW1(config-if-range)#
// 按要求划分 L2SW1 的 VLAN 端口
L2SW2(config)# int f0/24
L2SW2(config-if)# switchport mode trunk
// 将 L2SW2 的 Fa0/24 设置为 Trunk 模式
L2SW2(config-if)# exit
L2SW2(config)# int range f0/1-10
L2SW2(config-if-range)# switchport access vlan 101
L2SW2(config-if-range)# exit
L2SW2(config)# int range f0/11-23
```

L2SW2(config-if-range)# switchport access vlan 103

// 按要求划分 L2SW2 的 VLAN 端口

步骤 5：在服务器（以 Windows Server 2003 为例）上配置 DHCP 地址池和排除地址

如图 2-26 所示，通过“添加 / 删除程序”，在服务器中安装 DHCP 服务。

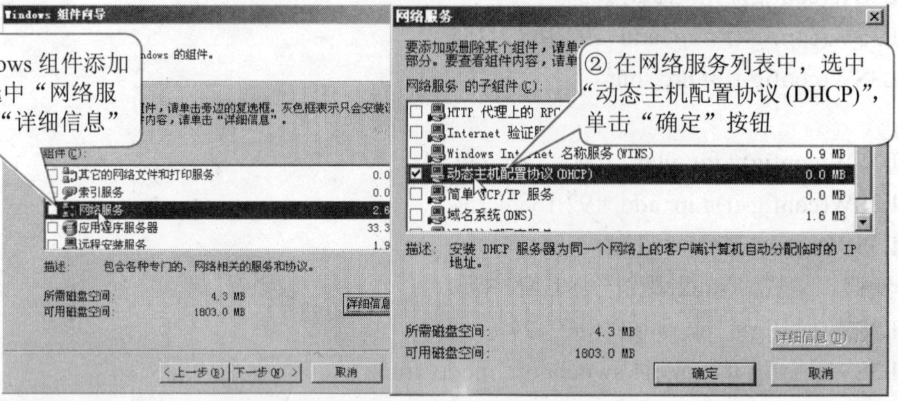

图 2-26 2003 中安装 DHCP 服务

单击“开始”→“管理工具”→“DHCP”，打开 DHCP 管理程序，如图 2-27 所示。

图 2-27 打开 DHCP 管理程序

在 DHCP 管理程序中，按要求添加 3 个 VLAN 的地址池，如图 2-28 所示。

步骤 6：将计算机接入不同 VLAN 所属端口，设置为“自动获取 IP 地址”，发现此时不能自动获取 IP 地址。因为这时 DHCP 服务器和客户端不在同一网段，DHCP 广播包不能跨网段传输。解决方法是在三层交换机上配置 DHCP 中继转发。

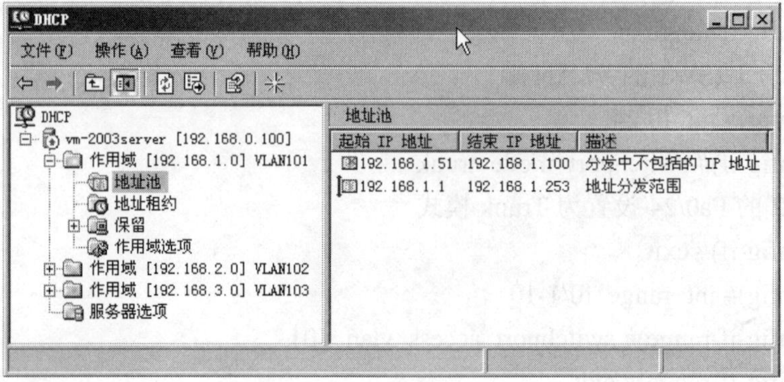

（a）

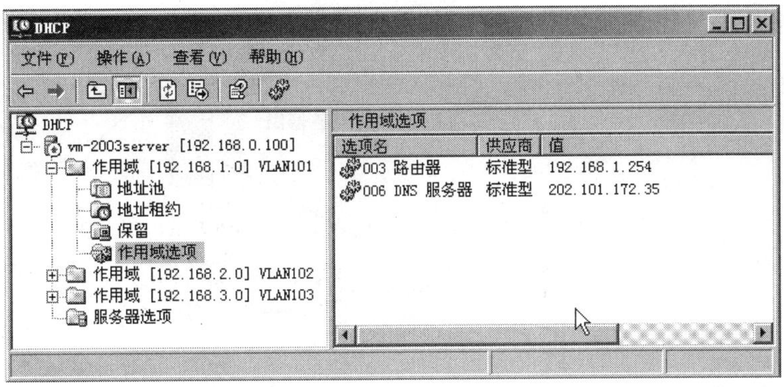

(b)

图 2-28　DHCP 地址池示例

步骤 7: 在 L3SW 上配置 DHCP 中继。

```
L3SW(config)# service  dhcp
// 启用 DHCP 服务
L3SW(config)# int  vlan  101
L3SW(config-if)# ip  helper-address  192.168.4.100
// 配置 VLAN101 的 DHCP 中继及 DHCP 服务器地址
L3SW(config-if)# exit
L3SW(config)# int  vlan  102
L3SW(config-if)# ip  helper-address  192.168.4.100
// 配置 VLAN102 的 DHCP 中继及 DHCP 服务器地址
L3SW(config-if)# exit
L3SW(config)# int  vlan  103
L3SW(config-if)# ip  helper-address  192.168.4.100
// 配置 VLAN103 的 DHCP 中继及 DHCP 服务器地址
```

步骤 8: 再将计算机连接到不同 VLAN 的交换机接口上，即可自动获取相应 VLAN 网段的 IP 地址，任务完成。

知识链接

由于 DHCP 客户端发出的 DHCP 请求为广播包，当 DHCP 服务器和客户端不在同一 VLAN 中时，DHCP 请求无法到达服务器，地址获取将不能成功。在网络设备上启用 DHCP 中继代理后，网络设备会将收到的 DHCP 请求包使用单播的方式转发给指定的 DHCP 服务器，从而实现自动获取 IP 地址和配置参数的功能。

任务拓展

如图 2-29 所示，对网络进行设置，使 DHCP 服务器为 VLAN10、VLAN20 中的计算机提供

DHCP 服务，详细要求见图中标注。

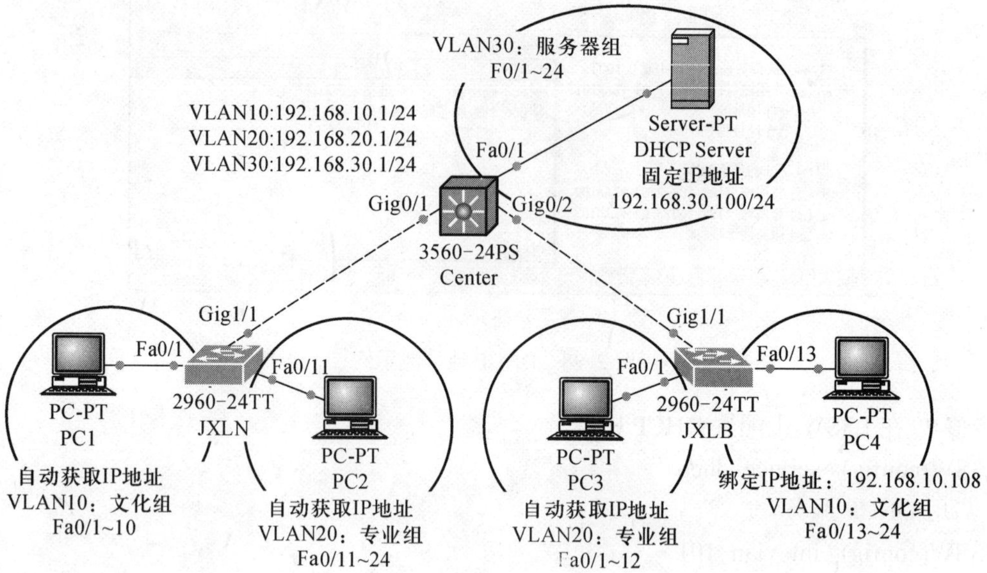

图 2-29 扩展任务参考拓扑图

任务评价

通过本任务的学习，给自己的学习打个分吧。

评分内容	分值	自评分	小组评分
能使用 Windows Server 2003 等操作系统设置多地址池 DHCP	40		
了解 DHCP 中继的意义	10		
能在三层交换机中配置 DHCP 中继	20		
能进行简单的 DHCP 排错	30		
合计	100		

模块小结

通过本模块的学习，我们掌握了 DHCP 的相关技术，能使用路由器、三层交换机以及 Windows Server 2003 等网络操作系统配置实现 DHCP 服务，并能跨网段实现 DHCP 中继转发。我们可以通过以下问题对本模块内容进行回顾并进一步提升：

1. DHCP 的作用是什么？
2. 在路由器和交换机上可使用哪些命令来配置 DHCP 服务的各种属性？
3. 为什么要设置 DHCP 中继？具体设置的命令是什么？

项目 3

网络路由实训

路由器是互联网的主要节点设备，用于连接多个逻辑上分开的网络，当数据从一个子网传输到另一个子网时，可通过路由器来完成。因此，路由器具有判断网络地址和选择路径的功能，它能在多网络互连环境中建立灵活的连接，属于网络层的一种互连设备。它不关心各子网使用的硬件设备，但要求运行与网络层协议相一致的软件。

本项目通过对网络层设备配置和维护，掌握基本能够连接不同类型网络和对网络访问进行控制的能力。本项目的模块和具体任务如图 3-1 所示。

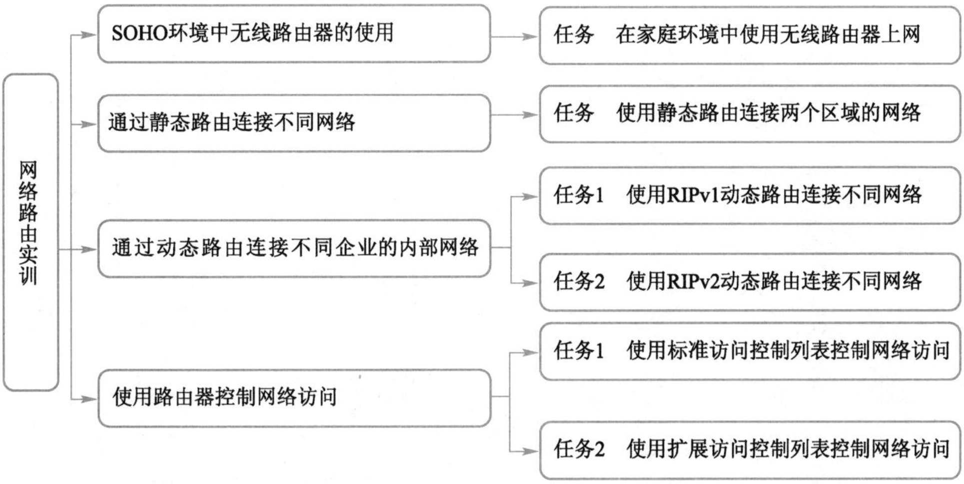

图 3-1　网络路由实训任务分解图

模块 1

SOHO 环境中无线路由器的使用

工作任务 在家庭环境中使用无线路由器上网

任务描述

家庭中已经在书房接入了电信 ADSL，现在由于工作需要，希望在客厅和卧室能使用笔记本电脑上网。如果用有线上网，需要在家里穿墙凿洞，重新布线，还需要使用代理服务器等方式。如果采用无线宽带路由器来实现无线上网，可以让网络使用更加方便。

任务准备

1. 每组一台常用的无线宽带路由器，本任务以 TL-WR340G 无线宽带路由器为例。
2. 每组一台以上 PC。
3. 每组一根以上直连双绞线。

任务实施

步骤 1：观察了解无线宽带路由器。

第 1 步：观察无线宽带路由器前面板，如图 3-2 所示，了解各指示灯功能。

图 3-2　TL-WR340G 前面板示意图

表 3-1 列出了各指示灯的描述及功能。

表 3-1　TL-WR340G 路由器指示灯功能

指　示　灯	功　　能	描　　述
PWR	电源指示灯	长灭：没有上电
		长亮：已经上电
SYS	系统状态指示灯	长灭：系统存在故障
		长亮：系统初始化故障
		闪烁：系统正常
WLAN	无线状态指示灯	长灭：没有启用无线功能
		闪烁：已经启用无线功能
WAN	广域网状态指示灯	长灭：相应端口没有连接上
		长亮：相应端口已正常连接
		闪烁：相应端口正在进行数据传输
1、2、3、4	局域网状态指示灯	长灭：端口没有连接上
		长亮：端口已正常连接
		闪烁：端口正在进行数据传输

第 2 步：观察无线宽带路由器后面板，如图 3-3 所示，了解各端口和组件的功能。

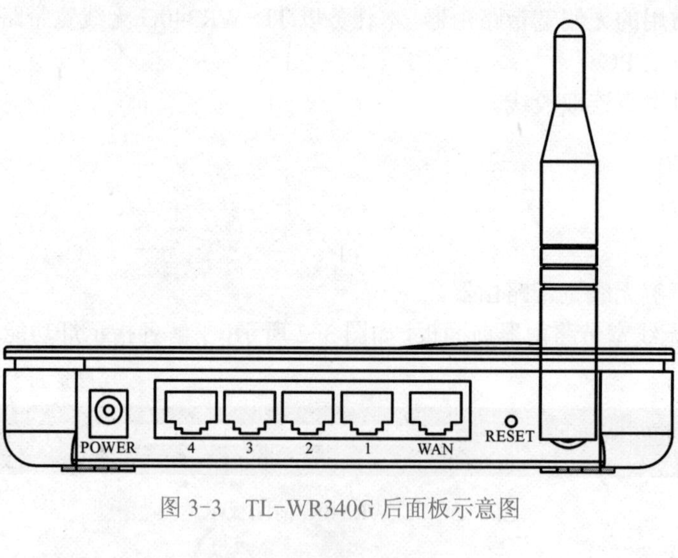

图 3-3　TL-WR340G 后面板示意图

- POWER：电源插孔，用来连接电源，为路由器供电。
- 1、2、3、4：局域网端口（RJ-45），用来连接局域网中的集线器、交换机或安装了网卡的计算机。
- WAN：广域网端口（RJ-45），用来连接以太网电缆、xDSL Modem 或 Cable Modem。

- RESET：复位按钮，用来使设备恢复到出厂默认设置。
- 天线：用于无线数据的收发。

步骤 2：连接并配置路由器。

第 1 步：拆开包装，接通电源。

第 2 步：将笔记本电脑与无线宽带路由器连接。用一根直连双绞线连接笔记本电脑的以太网网卡与 TL-WR340G 的 LAN1 端口，连接拓扑如图 3-4 所示。

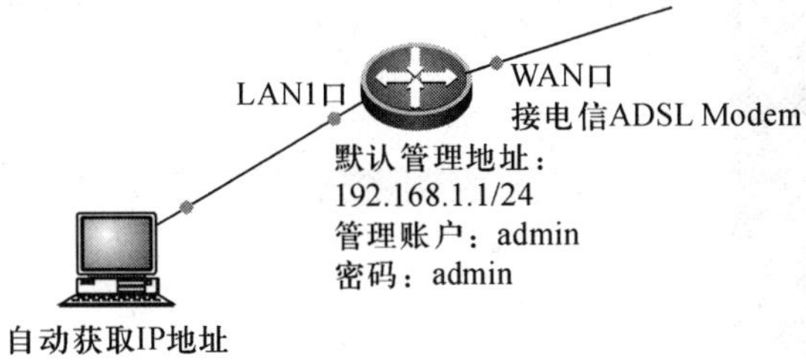

图 3-4　TL-WR340G 连接示意图

第 3 步：网络连通后在计算机上打开浏览器，在地址栏内输入 http://192.168.1.1，在弹出的登录对话框内输入用户名和密码，如图 3-5 所示。

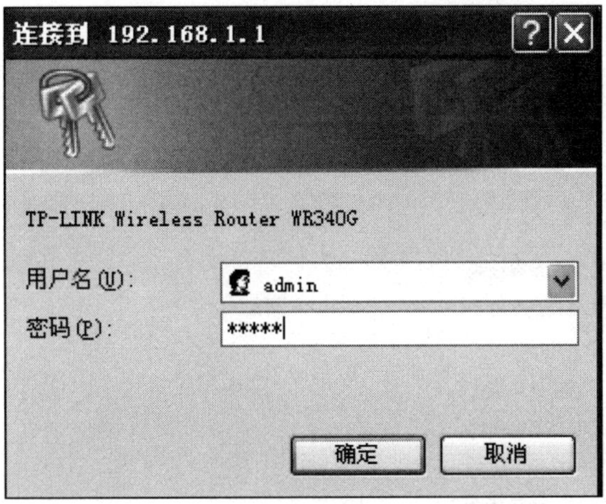

图 3-5　输入默认的账户和密码

第 4 步：启动路由器并成功登录路由器管理页面后，浏览器会显示管理员模式的界面，如图 3-6 所示。

在左侧菜单栏中，单击某个菜单项，即可进行相应的功能设置。

步骤 3：设备连接正确后，可先开始配置按入宽带，电信 ADSL 是通过 PPPoE 认证接入互联网的。在 TL-WR340G 的管理界面中选择“网络参数”→“WAN 口设置”，配置 PPPoE 用户名和密码，并按需求选择拨号模式和连接模式，为方便使用，建议选择“自动连接，在开机和断线后自动连接”，如图 3-7 所示。

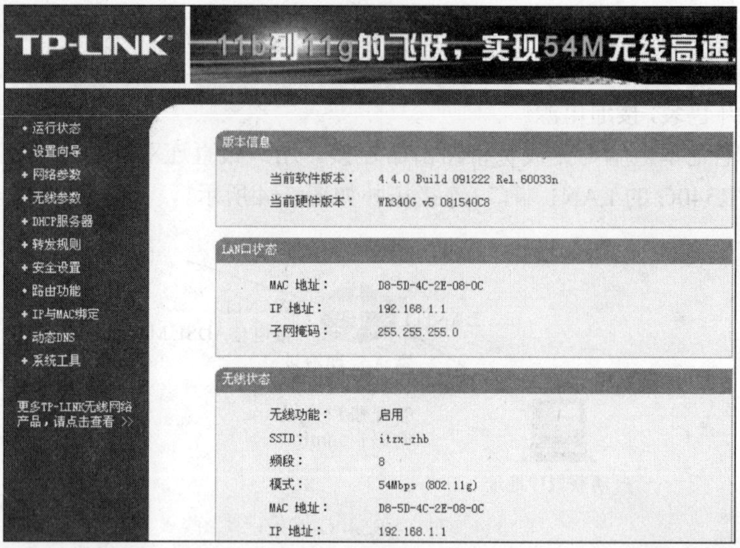

图3-6 无线宽带路由器Web管理界面

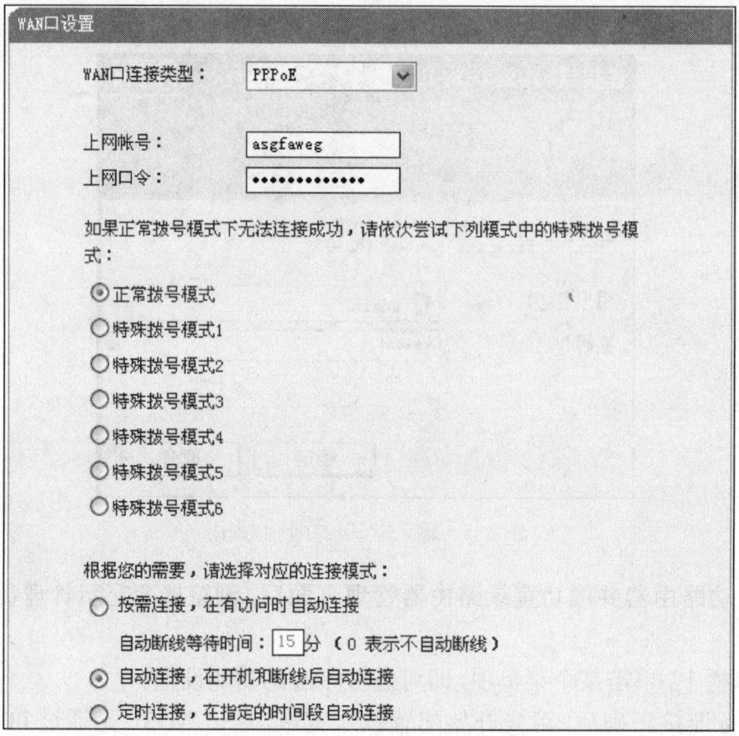

图3-7 设置WAN口拨号

步骤4：为了能使用无线连接网络，需要先配置无线网络。在TL-WR340G的管理界面中选择“无线参数”→“基本配置”，如图3-8所示设置SSID号，开启安全设置，选择安全类型为

WPA-PSK/WPA2-PSK，加密方法为 AES，设置 PSK 密码。无线网卡的 SSID、WEP 密钥只有与无线宽带路由器相同时才可以互连。

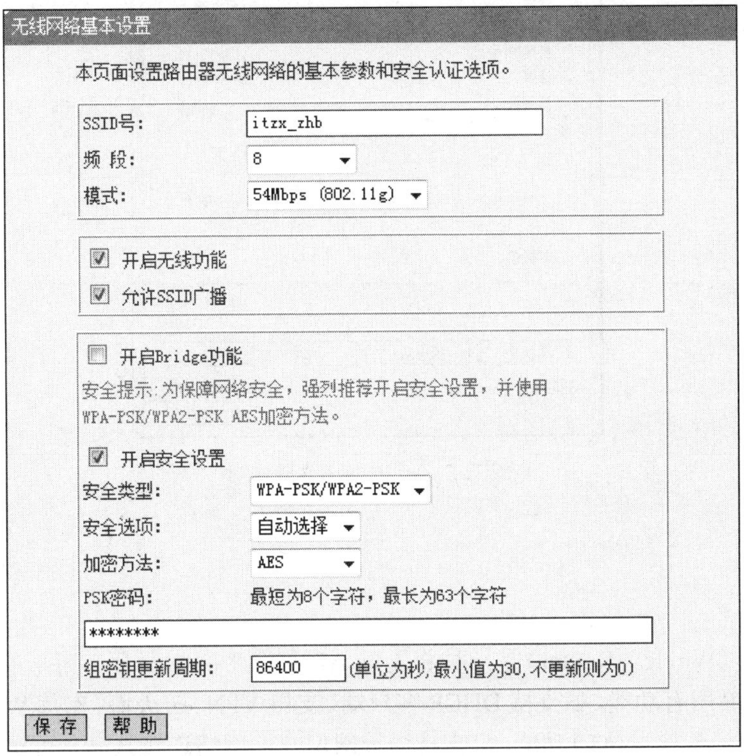

图 3-8　设置无线网络

步骤 5：在客户端对无线网卡进行设置，查找无线网络 SSID 并选择，如图 3-9 所示。连接无线网络并输入正确的密钥，配置成功后 WLAN 连接成功，如图 3-10 所示，就可以通过无线宽带路由器无线上网了。

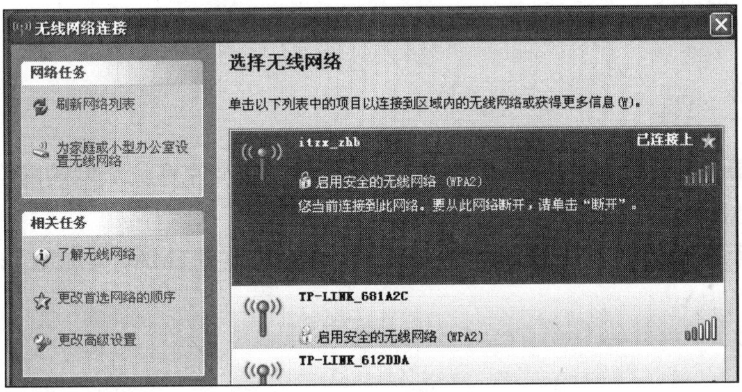

图 3-9　查找 SSID 并连接无线网络

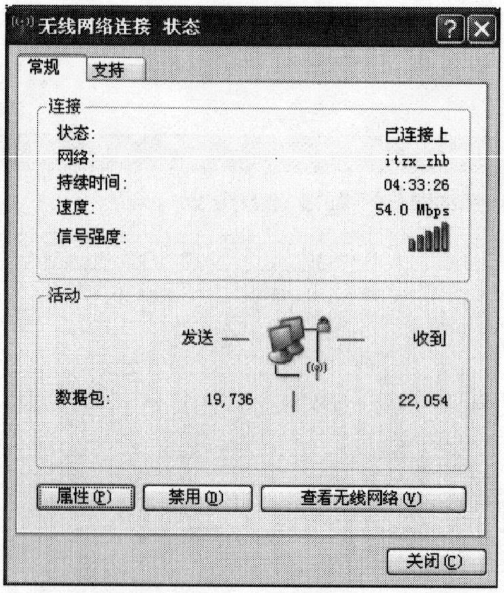

图3-10 无线网络连接成功

知识链接

无线路由器(Wireless Router)是一种将无线AP和宽带路由器合二为一的扩展型产品，它不仅具备无线AP所有功能，如支持DHCP客户端、支持VPN、防火墙、支持WEP加密等，而且还包括了网络地址转换(NAT)功能，可支持局域网用户的网络连接共享。可实现家庭无线网络中的Internet连接共享，实现ADSL和小区宽带的无线共享接入。

无线路由器可以与所有以太网的ADSL Modem或Cable Modem直接相连，也可以在使用时通过交换机/集线器、宽带路由器等局域网方式再接入。其内置有简单的虚拟拨号软件，可以存储用户名和密码拨号上网，可以实现为拨号接入Internet的ADSL、Cable Modem等提供自动拨号功能，而无须手动拨号或占用一台电脑做服务器使用。此外，无线路由器一般还具备相对更完善的安全防护功能。

任务拓展

1. 使用默认网段进行无线网络连接很不安全，尝试改变家庭局域网的网络地址，同时也改变DHCP地址池配置。

2. 尝试进行简单的安全设置，如防火墙设置、IP地址过滤、MAC地址过滤等。

任务评价

通过本任务的学习，给自己的学习打个分吧。

评 分 内 容	分　值	自 评 分	小 组 评 分
了解无线路由器的前面板指示灯功能	10		
了解无线路由器的后面板端口及组件功能	15		
能正确连接设备	15		
能配置无线路由器的 WAN 口	20		
能配置无线网络	20		
能使用计算机连接无线网络	20		
合计	100		

模块小结

通过本模块的学习，我们掌握了家用无线宽带路由器的设置，使得多台计算机通过无线网络共享访问同一线路的 Internet 网络。我们可以通过以下问题对本模块内容进行回顾并进一步提升：

1. 如何设置无线宽带路由器连接入 Internet?
2. 要实现无线网络功能，路由器该进行哪些设置？
3. 如何使用计算机连入无线网络？

模块 2 通过静态路由连接不同网络

工作任务 使用静态路由连接两个区域的网络

任务描述

假设校园网分为 2 个校区，每个校区使用 1 台路由器连接多个子网。现要在路由器上做适当配置，实现校园网内各个校区子网之间的相互通信。

任务准备

1. 每组两台路由器（带串口），型号自定，如 Cisco 2811。
2. 每组一对 V.35 DCE/DTE 电缆。
3. 每组一台以上 PC，有一个以上串口，并安装有“超级终端”程序。
4. 每组一根路由器配套的串口控制线缆。
5. 实验拓扑如图 3-11 所示。

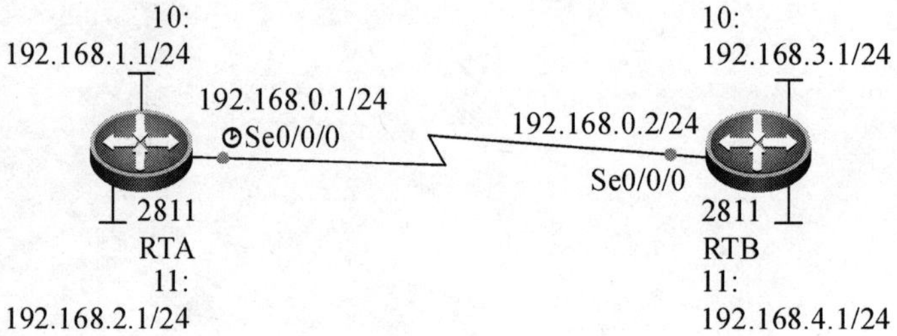

图 3-11 任务参考实验拓扑

任务实施

步骤 1：配置路由器的名称、接口 IP 地址和时钟。

```
Router>ena
Router#conf t
```

```
Router(config)#hostname RTA
// 配置路由器的名称
RTA(config)#int s0/0/0
// 进入端口 S0/0/0 的接口配置模式
RTA(config-if)#ip add 192.168.0.1 255.255.255.0
// 设置端口的 IP 地址
RTA(config-if)#clock rate 64000
// 设置串口的时钟
RTA(config-if)#no shut
// 开启端口

RTA(config)#int loopback 0
RTA(config-if)#ip add 192.168.1.1 255.255.255.0
RTA(config-if)#no shut
RTA(config-if)#exit
RTA(config)#int loopback 1
RTA(config-if)#ip add 192.168.2.1 255.255.255.0
RTA(config-if)#no shut
// 设置 Loopback 端口模拟两个子网，用于测试

Router>ena
Router#conf t
Router(config)#hostname RTB
RTB(config)#int s0/0/0
RTB(config-if)#ip add 192.168.0.2 255.255.255.0
RTB(config-if)#no shut
RTB(config-if)#exit
RTB(config)#int loopback 0
RTB(config-if)#ip add 192.168.3.1 255.255.255.0
RTB(config-if)#no shut
RTB(config-if)#exit
RTB(config)#int loopback 1
RTB(config-if)#ip add 192.168.4.1 255.255.255.0
RTB(config-if)#no shut
RTB(config-if)#
```

步骤 2：配置静态路由。

```
RTA(config)#ip route 192.168.3.0 255.255.255.0 192.168.0.2
// 设置到子网 192.168.3.0 的静态路由，采用下一跳的方式
```

```
RTA(config)#ip route 192.168.4.0 255.255.255.0 s0/0/0
// 设置到子网 192.168.4.0 的静态路由，采用出站端口的方式

RTB(config)#ip route 192.168.1.0 255.255.255.0 s0/0/0
RTB(config)#ip route 192.168.2.0 255.255.255.0 192.168.0.1
```

步骤 3： 查看路由表。

```
RTA(config)#exit
RTA#
RTA#show ip route
Codes: C-connected, S-static, I-IGRP, R-RIP, M-mobile, B-BGP
       D-EIGRP, EX-EIGRP external, O-OSPF, IA-OSPF inter area
       N1-OSPF NSSA external type 1, N2-OSPF NSSA external type 2
       E1-OSPF external type 1, E2-OSPF external type 2, E-EGP
       i-IS-IS, L1-IS-IS level-1, L2-IS-IS level-2, ia-IS-IS inter area
       *-candidate default, U-per-user static route, o-ODR
       P-periodic downloaded static route

Gateway of last resort is not set

C    192.168.0.0/24 is directly connected, Serial0/0/0
C    192.168.1.0/24 is directly connected, Loopback0
C    192.168.2.0/24 is directly connected, Loopback1
S    192.168.3.0/24 [1/0] via 192.168.0.2
S    192.168.4.0/24 is directly connected, Serial0/0/0
// 加粗部分为添加的静态路由记录
RTA#

RTB(config)#exit
RTB#show ip route
Codes: C-connected, S-static, I-IGRP, R-RIP, M-mobile, B-BGP
       D -EIGRP, EX-EIGRP external, O-OSPF, IA-OSPF inter area
       N1-OSPF NSSA external type 1, N2- OSPF NSSA external type 2
        E1-OSPF external type 1, E2-OSPF external type 2, E-EGP
       i-IS-IS, L1-IS-IS level-1, L2 -IS-IS level-2, ia-IS-IS inter area
       *-candidate default, U-per-user static route, o-ODR
       P -periodic downloaded static route
```

Gateway of last resort is not set

C　192.168.0.0/24 is directly connected, Serial0/0/0

S　192.168.1.0/24 is directly connected, Serial0/0/0

S　192.168.2.0/24 [1/0] via 192.168.0.1

C　192.168.3.0/24 is directly connected, Loopback0

C　192.168.4.0/24 is directly connected, Loopback1

// 加粗部分为添加的静态路由记录

RTB#

步骤 4：测试网络连通性。

RTA#ping 192.168.3.1

Type escape sequence to abort.

Sending 5, 100-byte ICMP Echos to 192.168.3.1, timeout is 2 seconds:

!!!!!

Success rate is 100 percent (5/5), round-trip min/avg/max = 31/31/32 ms

RTA#ping 192.168.4.1

Type escape sequence to abort.

Sending 5, 100-byte ICMP Echos to 192.168.4.1, timeout is 2 seconds:

!!!!!

Success rate is 100 percent (5/5), round-trip min/avg/max = 15/28/32 ms

// 此时在 RTA 用 ping 测试与 RTB 两个 loopback 口的连通性，可发现已连通

RTB#ping 192.168.1.1

Type escape sequence to abort.

Sending 5, 100-byte ICMP Echos to 192.168.1.1, timeout is 2 seconds:

!!!!!

Success rate is 100 percent (5/5), round-trip min/avg/max = 31/31/32 ms

RTB#ping 192.168.2.1

Type escape sequence to abort.

Sending 5, 100-byte ICMP Echos to 192.168.2.1, timeout is 2 seconds:

!!!!!

Success rate is 100 percent (5/5), round-trip min/avg/max = 31/31/32 ms

// 此时在 RTB 用 ping 测试与 RTA 两个 loopback 口的连通性，可发现已连通，静态路由器发挥作用

知识链接

路由器属于网络层设备，能够根据 IP 数据包头的信息选择一条最佳路径，将数据包转发出

去，实现不同网段的主机之间互相访问。

路由器是根据路由表进行选路和转发的，而路由表就是由一条条的路由信息组成。路由表的产生方式一般有 3 种。

● 直连路由：给路由器接口配置一个 IP 地址，路由器自动产生本接口 IP 所在网段的路由信息。

● 静态路由：在拓扑结构简单的网络中，网络管理员通过手工的方式配置本路由器未知网段的路由信息，从而实现不同网段之间的连接。

● 动态路由协议学习产生的路由：在大规模的网络中，或网络拓扑相对复杂的情况下，通过在路由器上运行动态路由协议，路由器之间互相自动学习产生路由信息。

任务拓展

如图 3-12 所示，搭建该网络并使用静态路由实现全网连通。

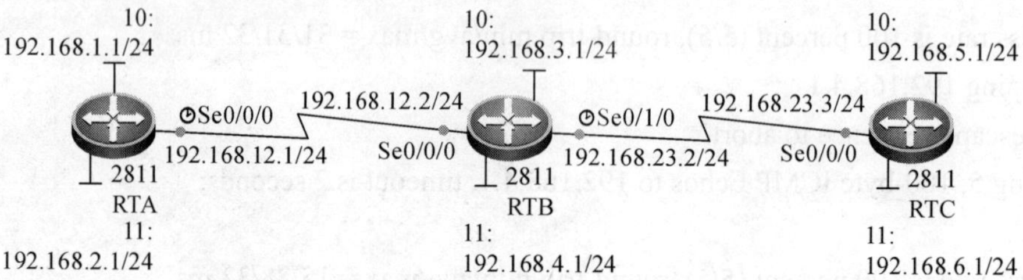

图 3-12　拓展实验拓扑

任务评价

通过本任务的学习，给自己的学习打个分吧。

评 分 内 容	分　值	自 评 分	小 组 评 分
认识串口并能按要求连接（DCE）	15		
能对串口链路进行时钟等配置	15		
能使用下一跳地址设置静态路由	15		
能使用出站端口设置静态路由	15		
能查看分析路由表	20		
能根据路由表进行简单的静态路由排错	20		
合计	100		

模块小结

通过本模块的学习，我们知道了直连路由和静态路由的概念与区别，掌握了在路由器中添加静态路由实现多个网络连通的方法。我们可以通过以下问题对本模块内容进行回顾并进一步提升：

1．如何设置两台路由器通过串口线路实现连通？具体命令有哪些？

2．添加静态路由记录的命令格式如何？请具体说明。

模块3 通过动态路由连接不同企业的内部网络

工作任务1 使用 RIPv1 动态路由连接不同网络

任务描述

假设校园网分为 2 个校区，每个校区使用 1 台路由器连接 2 个子网，需要将两台路由器通过以太网链路连接在一起并进行适当的配置，以实现这 4 个子网之间的互连互通。为了在未来每个校区需扩充子网数量的时候，管理员不需要进行繁杂的静态路由操作，计划使用 RIP 路由协议实现子网之间的互通。

任务准备

1. 每组两台路由器（带串口），型号自定，如 Cisco 2811。
2. 每组一根交叉双绞线。
3. 每组一台以上 PC，有一个以上串口，并安装有“超级终端”程序。
4. 每组一根路由器配套的串口控制线缆。
5. 实验拓扑如图 3-13 所示。

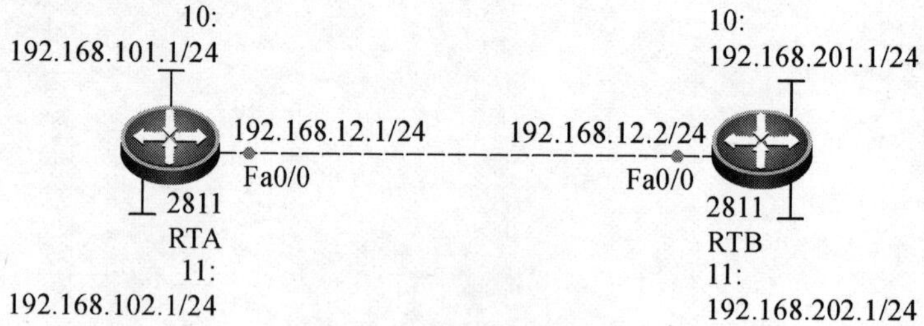

图 3-13 参考实验拓扑

任务实施

步骤 1：配置两台路由器的主机名及端口 IP 地址。

```
Router>ena
Router#conf t
Router(config)#hostname RTA
RTA(config)#int f0/0
RTA(config-if)#ip add 192.168.12.1 255.255.255.0
RTA(config-if)#no shut
RTA(config-if)#exit
RTA(config)#int loopback 0
RTA(config-if)#ip add 192.168.101.1 255.255.255.0
RTA(config-if)#no shut
RTA(config-if)#exit
RTA(config)#int loopback 1
RTA(config-if)#ip add 192.168.102.1 255.255.255.0
RTA(config-if)#no shut
// 对 RTA 进行基本配置
Router>ena
Router#conf t
Router(config)#hostname RTB
RTB(config)#int f0/0
RTB(config-if)#ip add 192.168.12.2 255.255.255.0
RTB(config-if)#no shut
RTB(config-if)#exit
RTB(config)#int loopback 0
RTB(config-if)#ip add 192.168.201.1 255.255.255.0
RTB(config-if)#no shut
RTB(config-if)#exit
RTB(config)#int loopback 1
RTB(config-if)#ip add 192.168.202.1 255.255.255.0
RTB(config-if)#no shut
// 对 RTB 进行基本配置
```

步骤 2：在两台路由器上开启 RIP 动态路由协议，并发布直连网段。

```
RTA(config)#router rip
// 在 RTA 上开启 RIP 动态路由协议
RTA(config-router)#network 192.168.101.0
RTA(config-router)#network 192.168.102.0
RTA(config-router)#network 192.168.12.0
// 发布 RTA 上的三个直连网段
RTB(config)#router rip
```

RTB(config-router)#network 192.168.201.0

RTB(config-router)#network 192.168.202.0

RTB(config-router)#network 192.168.12.0

步骤 3：查看路由表。

```
RTA#show ip route
Codes: C - connected, S - static, I - IGRP, R - RIP, M - mobile, B - BGP
       D - EIGRP, EX - EIGRP external, O - OSPF, IA - OSPF inter area
       N1 - OSPF NSSA external type 1, N2 - OSPF NSSA external type 2
       E1 - OSPF external type 1, E2 - OSPF external type 2, E - EGP
       i - IS-IS, L1 - IS-IS level-1, L2 - IS-IS level-2, ia - IS-IS inter area
       * - candidate default, U - per-user static route, o - ODR
       P - periodic downloaded static route

Gateway of last resort is not set

C    192.168.12.0/24 is directly connected, FastEthernet0/0
C    192.168.101.0/24 is directly connected, Loopback0
C    192.168.102.0/24 is directly connected, Loopback1
R    192.168.201.0/24 [120/1] via 192.168.12.2, 00:00:18, FastEthernet0/0
R    192.168.202.0/24 [120/1] via 192.168.12.2, 00:00:18, FastEthernet0/0
// 加粗部分为 RTA 通过 RIP 动态路由学习到的路由记录，以 R 作标记
RTB#show ip route
Codes: C - connected, S - static, I - IGRP, R - RIP, M - mobile, B - BGP
       D - EIGRP, EX - EIGRP external, O - OSPF, IA - OSPF inter area
       N1 - OSPF NSSA external type 1, N2 - OSPF NSSA external type 2
       E1 - OSPF external type 1, E2 - OSPF external type 2, E - EGP
       i - IS-IS, L1 - IS-IS level-1, L2 - IS-IS level-2, ia - IS-IS inter area
       * - candidate default, U - per-user static route, o - ODR
       P - periodic downloaded static route

Gateway of last resort is not set

C    192.168.12.0/24 is directly connected, FastEthernet0/0
R    192.168.101.0/24 [120/1] via 192.168.12.1, 00:00:08, FastEthernet0/0
R    192.168.102.0/24 [120/1] via 192.168.12.1, 00:00:08, FastEthernet0/0
C    192.168.201.0/24 is directly connected, Loopback0
C    192.168.202.0/24 is directly connected, Loopback1
// 加粗部分为 RTB 通过 RIP 动态路由学习到的路由记录，以 R 作标记
```

步骤 4：测试网络连通性。

```
RTA#ping 192.168.201.1
Type escape sequence to abort.
Sending 5, 100-byte ICMP Echos to 192.168.201.1, timeout is 2 seconds:
!!!!!
Success rate is 100 percent (5/5), round-trip min/avg/max = 31/31/32 ms
RTA#ping 192.168.202.1
Type escape sequence to abort.
Sending 5, 100-byte ICMP Echos to 192.168.202.1, timeout is 2 seconds:
!!!!!
Success rate is 100 percent (5/5), round-trip min/avg/max = 31/31/32 ms


RTB#ping 192.168.101.1
Type escape sequence to abort.
Sending 5, 100-byte ICMP Echos to 192.168.101.1, timeout is 2 seconds:
!!!!!
Success rate is 100 percent (5/5), round-trip min/avg/max = 31/31/32 ms
RTB#ping 192.168.102.1
Type escape sequence to abort.
Sending 5, 100-byte ICMP Echos to 192.168.102.1, timeout is 2 seconds:
!!!!!
Success rate is 100 percent (5/5), round-trip min/avg/max = 31/31/32 ms
```

完成全网连通。

知识链接

RIP（Routing Information Protocol，路由信息协议）是应用较早、使用较普遍的 IGP（Interior Gateway Protocol，内部网关协议），适用于小型同类网络，是典型的距离矢量（distance-vector）协议。

RIP 协议以跳数衡量路径开销，RIP 协议规定最大跳数为 15。

RIP 在构造路由表时会使用到 3 种计时器：更新计时器、无效计时器、刷新计时器。它让每台路由器周期性地向每个相邻的邻居发送完整的路由表。路由表包括每个网络或子网的信息，以及与之相关的度量值。

任务拓展

如图 3-14 所示，搭建该网络并尝试使用 RIP 动态路由协议实现全网连通。

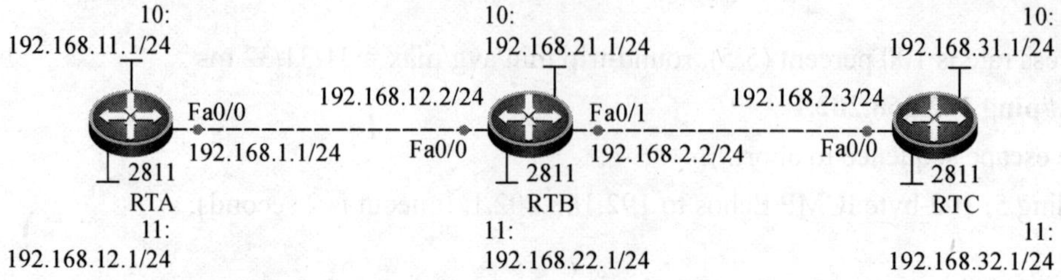

图 3-14 拓展实验拓扑

任务评价

通过本任务的学习，给自己的学习打个分吧。

评 分 内 容	分 值	自 评 分	小 组 评 分
了解动态路由与静态路由的区别	20		
能设置 RIP 动态路由并发布网段	30		
能查看分析路由表	20		
能根据路由表进行简单的动态路由排错	30		
合计	100		

工作任务 2 使用 RIPv2 动态路由连接不同网络

任务描述

假设校园网分为两个校区，每个校区使用一台路由器连接两个子网，需要将两台路由器通过以太网链路连接在一起并进行适当的配置，以实现这 4 个子网之间的互连互通。为了在未来每个校区需扩充子网数量的时候，管理员不需要进行繁杂的静态路由操作，计划使用 RIP 路由协议实现子网之间的互通。可在具体实施过程中，发现 RIPv1 出现了路由汇总的问题，改用 RIPv2 以解决它。

任务准备

1. 每组两台路由器（带串口），型号自定，如 Cisco 2811。
2. 每组一根交叉双绞线。
3. 每组一台以上 PC，有一个以上串口，并安装有“超级终端”程序。
4. 每组一根路由器配套的串口控制线缆。
5. 实验拓扑如图 3-15 所示。

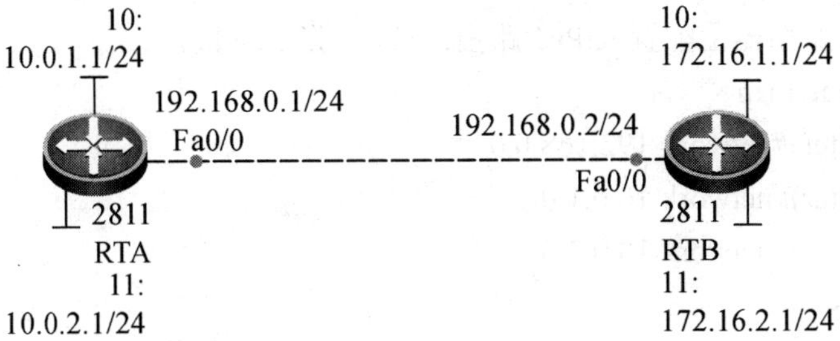

图 3-15　任务 2 参考实验拓扑

任务实施

步骤 1：配置两台路由器的主机名及端口 IP 地址。

```
Router>ena
Router#conf t
Router(config)#hostname RTA
RTA(config)#int f0/0
RTA(config-if)#ip add 192.168.0.1 255.255.255.0
RTA(config-if)#no shut
RTA(config-if)#int lo 0
RTA(config-if)#ip add 10.0.1.1 255.255.255.0
RTA(config-if)#no shut

RTA(config-if)#int lo 1
RTA(config-if)#ip add 10.0.2.1 255.255.255.0
RTA(config-if)#no shut

Router>ena
Router#conf t
Router(config)#hostname RTB
```

```
RTB(config)#int f0/0
RTB(config-if)#ip add 192.168.0.2 255.255.255.0
RTB(config-if)#no shut
RTB(config-if)#int lo 0
RTB(config-if)#ip add 172.16.1.1 255.255.255.0
RTB(config-if)#no shut
RTB(config-if)#int lo 1
RTB(config-if)#ip add 172.16.2.1 255.255.255.0
RTB(config-if)#no shut
```

步骤 2：在两台路由器上配置 RIPv1 路由协议，并发布网段。

```
RTA(config)#router rip
RTA(config-router)#network 192.168.0.0
RTA(config-router)#network 10.0.1.0
RTA(config-router)#network 10.0.2.0

RTB(config)#router rip
RTB(config-router)#network 192.168.0.0
RTB(config-router)#network 172.16.1.0
RTB(config-router)#network 172.16.2.0
```

步骤 3：查看路由表。

```
RTA#show ip route
Codes: C - connected, S - static, I - IGRP, R - RIP, M - mobile, B - BGP
       D - EIGRP, EX - EIGRP external, O - OSPF, IA - OSPF inter area
       N1 - OSPF NSSA external type 1, N2 - OSPF NSSA external type 2
       E1 - OSPF external type 1, E2 - OSPF external type 2, E - EGP
       i - IS-IS, L1 - IS-IS level-1, L2 - IS-IS level-2, ia - IS-IS inter area
       * - candidate default, U - per-user static route, o - ODR
       P - periodic downloaded static route
Gateway of last resort is not set
     10.0.0.0/24 is subnetted, 2 subnets
C       10.0.1.0 is directly connected, Loopback0
C       10.0.2.0 is directly connected, Loopback1
R    172.16.0.0/16 [120/1] via 192.168.0.2, 00:00:04, FastEthernet0/0
C    192.168.0.0/24 is directly connected, FastEthernet0/0

RTB#show ip route
Codes: C - connected, S - static, I - IGRP, R - RIP, M - mobile, B - BGP
       D - EIGRP, EX - EIGRP external, O - OSPF, IA - OSPF inter area
```

```
       N1 - OSPF NSSA external type 1, N2 - OSPF NSSA external type 2
       E1 - OSPF external type 1, E2 - OSPF external type 2, E - EGP
       i - IS-IS, L1 - IS-IS level-1, L2 - IS-IS level-2, ia - IS-IS inter area
       * - candidate default, U - per-user static route, o - ODR
       P - periodic downloaded static route
Gateway of last resort is not set
R    10.0.0.0/8 [120/1] via 192.168.0.1, 00:00:09, FastEthernet0/0
     172.16.0.0/24 is subnetted, 2 subnets
C       172.16.1.0 is directly connected, Loopback0
C       172.16.2.0 is directly connected, Loopback1
C    192.168.0.0/24 is directly connected, FastEthernet0/0
```

从两台路由器的路由表中可看到，只有B类主网络172.16.0.0/16和A类主网络10.0.0.0/8出现子路由表，因为RIPv1不支持VLSM（变长子网掩码），进行了自动汇总。需要采用RIPv2，并取消自动汇总功能。

步骤4：设置为RIPv2版本，并关闭自动路由汇总功能。

```
RTA(config)#router rip
RTA(config-router)#version 2
RTA(config-router)#no auto-summary

RTB(config)#router rip
RTB(config-router)#version 2
RTB(config-router)#no auto-summary
```

步骤5：再次查看路由表。

```
RTA#show ip route
Codes: C - connected, S - static, I - IGRP, R - RIP, M - mobile, B - BGP
       D - EIGRP, EX - EIGRP external, O - OSPF, IA - OSPF inter area
       N1 - OSPF NSSA external type 1, N2 - OSPF NSSA external type 2
       E1 - OSPF external type 1, E2 - OSPF external type 2, E - EGP
       i - IS-IS, L1 - IS-IS level-1, L2 - IS-IS level-2, ia - IS-IS inter area
       * - candidate default, U - per-user static route, o - ODR
       P - periodic downloaded static route
Gateway of last resort is not set
     10.0.0.0/24 is subnetted, 2 subnets
C       10.0.1.0 is directly connected, Loopback0
C       10.0.2.0 is directly connected, Loopback1
     172.16.0.0/24 is subnetted, 2 subnets
R       172.16.1.0 [120/1] via 192.168.0.2, 00:00:10, FastEthernet0/0
```

```
R        172.16.2.0 [120/1] via 192.168.0.2, 00:00:10, FastEthernet0/0
C   192.168.0.0/24 is directly connected, FastEthernet0/0

RTB#show ip route
Codes: C - connected, S - static, I - IGRP, R - RIP, M - mobile, B - BGP
       D - EIGRP, EX - EIGRP external, O - OSPF, IA - OSPF inter area
       N1 - OSPF NSSA external type 1, N2 - OSPF NSSA external type 2
       E1 - OSPF external type 1, E2 - OSPF external type 2, E - EGP
       i - IS-IS, L1 - IS-IS level-1, L2 - IS-IS level-2, ia - IS-IS inter area
       * - candidate default, U - per-user static route, o - ODR
       P - periodic downloaded static route
Gateway of last resort is not set

     10.0.0.0/24 is subnetted, 2 subnets
R        10.0.1.0 [120/1] via 192.168.0.1, 00:00:21, FastEthernet0/0
R        10.0.2.0 [120/1] via 192.168.0.1, 00:00:21, FastEthernet0/0
     172.16.0.0/24 is subnetted, 2 subnets
C        172.16.1.0 is directly connected, Loopback0
C        172.16.2.0 is directly connected, Loopback1
C   192.168.0.0/24 is directly connected, FastEthernet0/0
```

可以看到 RIP 路由表中已经学习到了 24 位子网的路由，而不是经过自动汇总的路由。

步骤 6：测试网络连通性。

```
RTA#ping 172.16.1.1
Type escape sequence to abort.
Sending 5, 100-byte ICMP Echos to 172.16.1.1, timeout is 2 seconds:
!!!!!
Success rate is 100 percent (5/5), round-trip min/avg/max = 31/31/32 ms
RTA#ping 172.16.2.1
Type escape sequence to abort.
Sending 5, 100-byte ICMP Echos to 172.16.2.1, timeout is 2 seconds:
!!!!!
Success rate is 100 percent (5/5), round-trip min/avg/max = 31/31/32 ms


RTB#ping 10.0.1.1
Type escape sequence to abort.
```

```
Sending 5, 100-byte ICMP Echos to 10.0.1.1, timeout is 2 seconds:
!!!!!
Success rate is 100 percent (5/5), round-trip min/avg/max = 31/31/32 ms
RTB#ping 10.0.2.1
Type escape sequence to abort.
Sending 5, 100-byte ICMP Echos to 10.0.2.1, timeout is 2 seconds:
!!!!!
Success rate is 100 percent (5/5), round-trip min/avg/max = 31/31/32 ms
```

完成全网连通。

知识链接

RIP 协议有两个版本：RIPv1 和 RIPv2。

RIPv1 属于有类路由协议，不支持 VLSM，RIPv1 是以广播的形式进行路由信息的更新的，更新周期为 30 s。

RIPv2 属于无类路由协议，支持 VLSM，RIPv2 是以组播的形式进行路由信息的更新的，组播地址是 224.0.0.9。RIPv2 还支持基于端口的认证，可提高网络的安全性。另外，RIPv2 可以设置取消自动汇总功能，而 RIPv1 则不行。

任务拓展

搭建如图 3-16 所示该网络并使用 RIPv2 动态路由协议实现全网连通，注意观察 RIPv1 和 RIPv2 的区别。

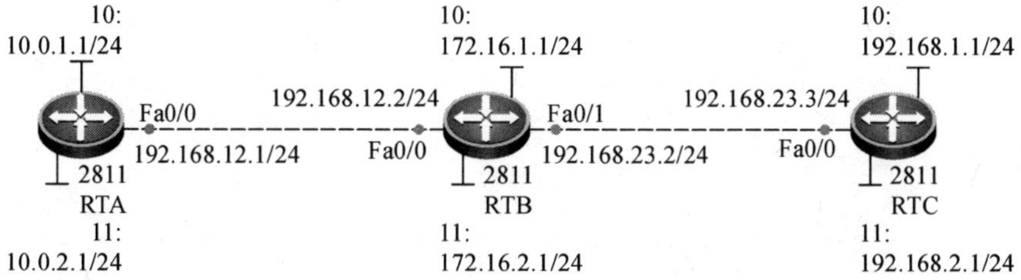

图 3-16　拓展实验拓扑

任务评价

通过本任务的学习，给自己的学习打个分吧。

评 分 内 容	分 值	自 评 分	小 组 评 分
了解 RIPv1 与 RIPv2 的区别	20		
能设置 RIPv2 动态路由并发布网段	15		
能对路由进行汇总的控制	15		
能查看并分析路由表	20		
能根据路由表进行简单的动态路由排错	30		
合计	100		

模块小结

通过本模块的学习，我们掌握了使用 RIPv1 和 RIPv2 动态路由实现多个网络连通的方法，及两种版本 RIP 的区别。我们可以通过以下问题对本模块内容进行回顾并进一步提升：

1．配置 RIPv1 实现多个网络连通的具体步骤和命令有哪些？

2．配置 RIPv2 实现多个网络连通的具体步骤和命令有哪些？

3．RIPv1 和 RIPv2 有什么区别？请举例说明。

模块 4

使用路由器控制网络访问

工作任务 1 使用标准访问控制列表控制网络访问

任务描述

你是一个公司的网络管理员，公司的生产部、财务部和销售部分属 3 个不同的网段，3 个部门之间用路由器进行信息传递。为了安全起见，公司领导要求生产部不能对财务部进行访问，但销售部可以对财务部进行访问。

生产部的网段为 192.168.1.0/24，销售部的网段为 192.168.2.0/24，财务部的网段为 192.168.3.0/24。

任务准备

1. 每组两台路由器（带串口），型号自定，如 Cisco 2811。
2. 每组一对 V.35 DCE/DTE 电缆。
3. 每组三台 PC，有一个以上串口，并安装有 "超级终端"程序。
4. 每组一根路由器配套的串口控制线缆。
5. 每组三根交叉双绞线。
6. 实验拓扑如图 3-17 所示。

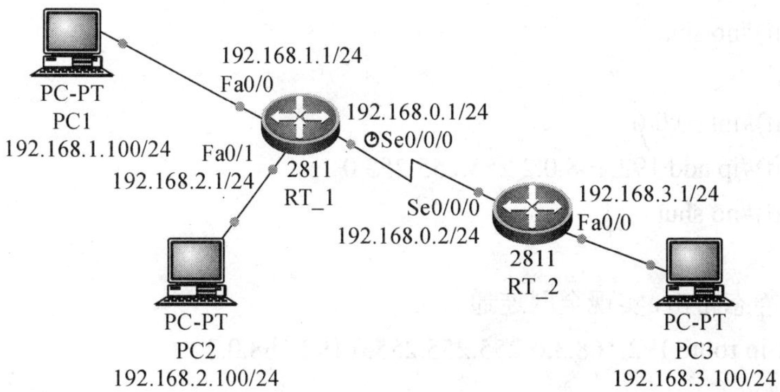

图 3-17 任务 1 实验拓扑

任务实施

步骤 1：配置路由器的主机名及端口 IP 地址。

```
Router>ena
Router#conf t
Router(config)#hostname RT_1

RT_1(config)#int f0/0
RT_1(config-if)#ip add 192.168.1.1 255.255.255.0
RT_1(config-if)#no shut

RT_1(config-if)#int f0/1
RT_1(config-if)#ip add 192.168.2.1 255.255.255.0
RT_1(config-if)#no shut

RT_1(config-if)#int s0/0/0
RT_1(config-if)#ip add 192.168.0.1 255.255.255.0
RT_1(config-if)#clock rate 64000
RT_1(config-if)#no shut


Router>ena
Router#conf t
Router(config)#hostname RT_2

RT_2(config)#int f0/0
RT_2(config-if)#ip add 192.168.3.1 255.255.255.0
RT_2(config-if)#no shut

RT_2(config-if)#int s0/0/0
RT_2(config-if)#ip add 192.168.0.2 255.255.255.0
RT_2(config-if)#no shut
```

步骤 2：配置静态路由，实现全网连通。

```
RT_1(config)#ip route 192.168.3.0 255.255.255.0 192.168.0.2
RT_1(config)#^Z
```

```
RT_1#show ip route
Codes: C - connected, S - static, I - IGRP, R - RIP, M - mobile, B - BGP
       D - EIGRP, EX - EIGRP external, O - OSPF, IA - OSPF inter area
       N1 - OSPF NSSA external type 1, N2 - OSPF NSSA external type 2
       E1 - OSPF external type 1, E2 - OSPF external type 2, E - EGP
       i - IS-IS, L1 - IS-IS level-1, L2 - IS-IS level-2, ia - IS-IS inter area
       * - candidate default, U - per-user static route, o - ODR
       P - periodic downloaded static route
Gateway of last resort is not set
C    192.168.0.0/24 is directly connected, Serial0/0/0
C    192.168.1.0/24 is directly connected, FastEthernet0/0
C    192.168.2.0/24 is directly connected, FastEthernet0/1
S    192.168.3.0/24 [1/0] via 192.168.0.2
RT_2(config)#ip route 192.168.1.0 255.255.255.0 192.168.0.1
RT_2(config)#ip route 192.168.2.0 255.255.255.0 192.168.0.1
RT_2(config)#^Z
RT_2#show ip route
Codes: C - connected, S - static, I - IGRP, R - RIP, M - mobile, B - BGP
       D - EIGRP, EX - EIGRP external, O - OSPF, IA - OSPF inter area
       N1 - OSPF NSSA external type 1, N2 - OSPF NSSA external type 2
       E1 - OSPF external type 1, E2 - OSPF external type 2, E - EGP
       i - IS-IS, L1 - IS-IS level-1, L2 - IS-IS level-2, ia -IS-IS inter area
       * - candidate default, U - per-user static route, o - ODR
       P - periodic downloaded static route
Gateway of last resort is not set
C    192.168.0.0/24 is directly connected, Serial0/0/0
S    192.168.1.0/24 [1/0] via 192.168.0.1
S    192.168.2.0/24 [1/0] via 192.168.0.1
C    192.168.3.0/24 is directly connected, FastEthernet0/0
```

步骤 3：配置三台 PC 的 IP 地址和网关，测试连通性，如图 3-18 所示，可发现此时三个网络相互连通。

步骤 4：配置标准访问控制列表，实现功能。

```
RT_2(config)#access-list 11 deny 192.168.1.0 0.0.0.255
// 在 RT_2 上新建编号为 11 的标准访问控制列表，先禁止 192.168.1.0/24 网络
RT_2(config)#access-list 11 permit any
// 再允许所有其他网络
```

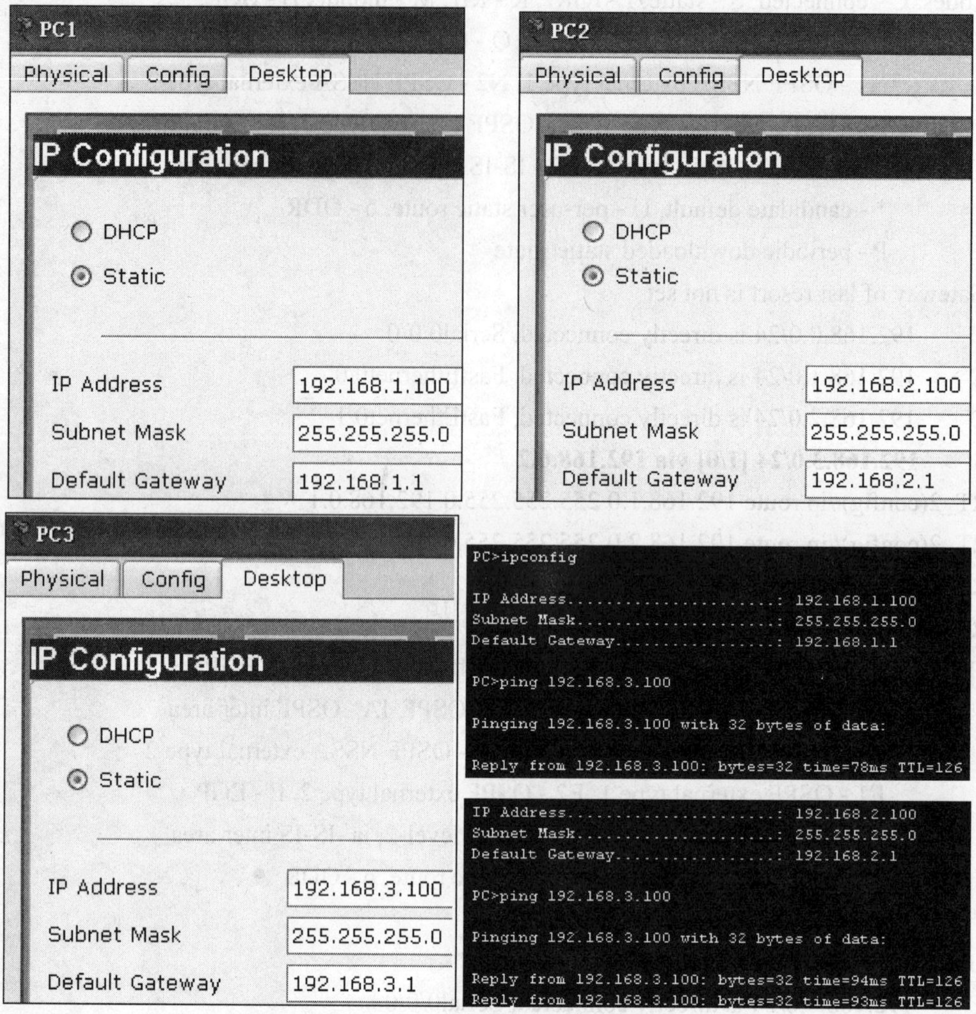

图 3-18 设置 PC 的网络属性，测试网络连通性

RT_2(config)#int f0/0

RT_2(config-if)#ip access-group 11 out

// 在端口 Fa0/0 上应用编号为 11 标准访问控制列表，数据包方向为 out，出端口方向

步骤 5：使用 ping 命令测试网络访问控制功能，效果如图 3-19 所示。

```
PC>ipconfig

IP Address......................: 192.168.1.100
Subnet Mask.....................: 255.255.255.0
Default Gateway.................: 192.168.1.1

PC>ping 192.168.3.100

Pinging 192.168.3.100 with 32 bytes of data:

Reply from 192.168.0.2: Destination host unreachable.
Reply from 192.168.0.2: Destination host unreachable.
```

```
PC>ipconfig

IP Address......................: 192.168.2.100
Subnet Mask.....................: 255.255.255.0
Default Gateway.................: 192.168.2.1

PC>ping 192.168.3.100

Pinging 192.168.3.100 with 32 bytes of data:

Reply from 192.168.3.100: bytes=32 time=78ms TTL=126
Reply from 192.168.3.100: bytes=32 time=94ms TTL=126
```

图 3-19　设置 ACL 后的网络连通性

知识链接

一个标准 IP 访问控制列表匹配 IP 包中的源地址或源地址中的一部分，可对匹配的包采取拒绝或允许两个操作。编号范围是 1 ～ 99 的访问控制列表是标准 IP 访问控制列表。

任务拓展

1. 在本任务步骤 4 中，如果访问控制列表中后面没有添加 permit any，会出现什么情况？为什么？

2. 在本任务步骤 4 中，如果在 RT_2 的 F0/0 端口，使用命令 ip access-group 11 in 应用访问控制列表，会出现什么情况？为什么？

3. 在本任务步骤 4 中，如果在 RT_2 的 S0/0/0 端口，使用命令 ip access-group 11 in 应用访问控制列表，会出现什么情况？为什么？

4. 在应用标准访问控制列表控制网络访问时，在流量经过的哪个端口应用是最合理的方式？

任务评价

通过本任务的学习，给自己的学习打个分吧。

评 分 内 容	分 值	自 评 分	小 组 评 分
了解标准访问控制列表的意义	30		
能使用命令创建标准访问控制列表	20		
能在三层端口应用 ACL 控制网络流量	20		
掌握标准访问控制列表控制流量的排错方法	30		
合计	100		

工作任务 2 使用扩展访问控制列表控制网络访问

任务描述

总公司和分公司分属不同的网络，通过两台路由器进行连接，在总公司的一台服务器中安装有 WWW、FTP 等服务，领导要求分公司的 PC 不能访问其中涉密的 WWW 服务，但可访问其他服务。你作为公司的网络管理员，发现使用标准访问控制列表不能满足领导要求，需要使用扩展访问控制列表对网络服务的访问进行控制。

任务准备

1. 每组两台路由器（带串口），型号自定，如 Cisco 2811。
2. 每组两台 PC，有一个以上串口，并安装有“超级终端”程序，一台安装 WWW 服务。
3. 每组一根路由器配套的串口控制线缆。
4. 每组两根交叉双绞线。
5. 实验拓扑如图 3-20 所示。

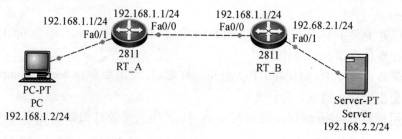

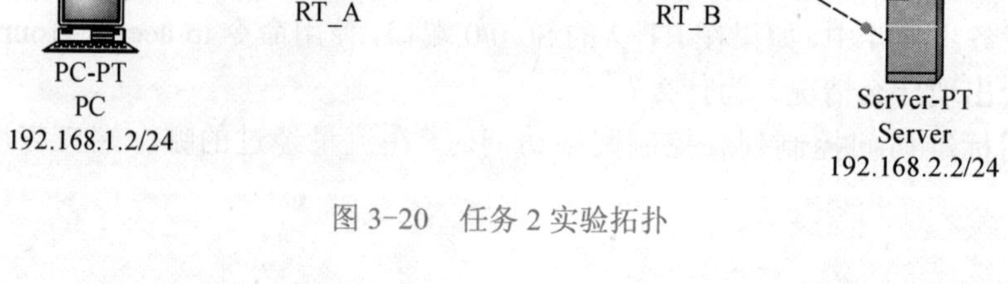

图 3-20 任务 2 实验拓扑

任务实施

步骤 1：配置路由器主机名及端口的 IP 地址。

```
Router>ena
Router#conf t
Router(config)#hostname RT_A

RT_A(config)#int f0/0
RT_A(config-if)#ip add 192.168.0.1 255.255.255.0
RT_A(config-if)#no shut

RT_A(config-if)#int f0/1
RT_A(config-if)#ip add 192.168.1.1 255.255.255.0
RT_A(config-if)#no shut

Router>ena
Router#conf t
Router(config)#hostname RT_B

RT_B(config)#int f0/0
RT_B(config-if)#ip add 192.168.0.2 255.255.255.0
RT_B(config-if)#no shut

RT_B(config-if)#int f0/1
RT_B(config-if)#ip add 192.168.2.1 255.255.255.0
RT_B(config-if)#no shut
```

步骤 2：配置静态路由，实现全网连通。

```
RT_A(config)#ip route 192.168.2.0 255.255.255.0 192.168.0.2
RT_A(config)#^Z
RT_A#show ip route
Codes: C- connected, S- static, I - IGRP, R - RIP, M - mobile, B - BGP
       D - EIGRP, EX - EIGRP external, O-OSPF, IA- OSPF inter area
       N1 - OSPF NSSA external type 1, N2-OSPF NSSA external type 2
       E1 - OSPF external type 1, E2-OSPF external type 2, E-EGP
       i - IS-IS, L1 - IS-IS level-1, L2 - IS-IS level-2, ia - IS-IS inter area
       * - candidate default, U - per-user static route, o-ODR
       P - periodic downloaded static route
```

Gateway of last resort is not set

C 192.168.0.0/24 is directly connected, FastEthernet0/0

C 192.168.1.0/24 is directly connected, FastEthernet0/1

S 192.168.2.0/24 [1/0] via 192.168.0.2

RT_B(config)#ip route 192.168.1.0 255.255.255.0 192.168.0.1

RT_B(config)#^Z

RT_B#show ip route

Codes: C - connected, S - static, I - IGRP, R - RIP, M - mobile, B - BGP

D - EIGRP, EX - EIGRP external, O - OSPF, IA - OSPF inter area

N1 - OSPF NSSA external type 1, N2 - OSPF NSSA external type 2

E1 - OSPF external type 1, E2 - OSPF external type 2, E - EGP

i - IS-IS, L1 - IS-IS level-1, L2 - IS-IS level-2, ia - IS-IS inter area

* - candidate default, U - per-user static route, o - ODR

P - periodic downloaded static route

Gateway of last resort is not set

C 192.168.0.0/24 is directly connected, FastEthernet0/0

S 192.168.1.0/24 [1/0] via 192.168.0.1

C 192.168.2.0/24 is directly connected, FastEthernet0/1

步骤 3：配置计算机和服务器的 IP 地址和网关，如图 3-21（a）、图 3-21（b）所示，并设置 WWW 等服务。测试连通性，效果如图 3-21（c）所示，此时计算机不仅能 ping 通服务器，还能使用 IE 访问服务器上的 WWW 服务，如图 3-21（d）所示。

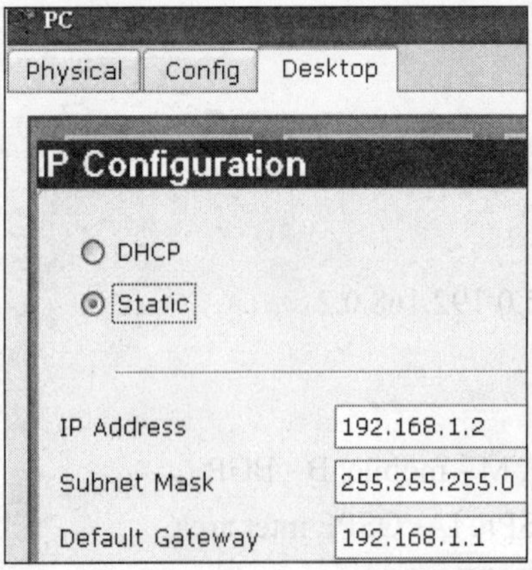

（a）

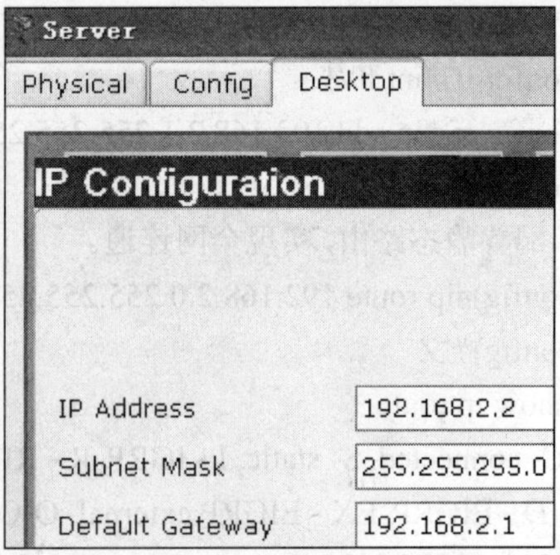

（b）

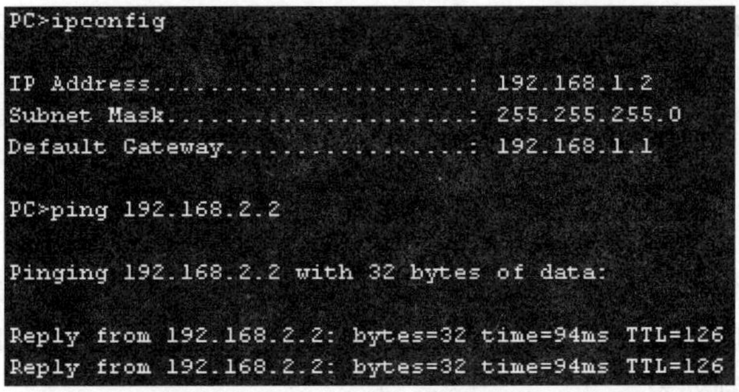

(c)

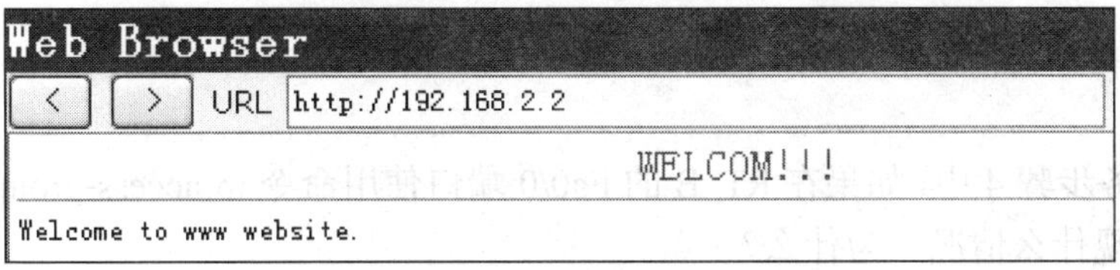

(d)

图 3-21　设置计算机网络属性，测试连通性

步骤 4：配置扩展访问控制列表，实现功能。

RT_A(config)#access-list 101 deny tcp 192.168.1.0 0.0.0.255 host 192.168.2.2 eq www

// 在 RT_A 上新建编号为 101 的扩展访问控制列表，禁止 192.168.1.0/24 网络访问主机 192.168.2.2 上的 WWW 服务（使用协议 TCP）

RT_A(config)#access-list 101 permit ip any any

// 允许其他所有服务

RT_A(config)#int f0/1

RT_A(config-if)#ip access-group 101 in

// 在 F0/1 端口应用该扩展访问控制列表，数据包方向为 in，进入接口方向

步骤 5：再次测试连通性，验证网络访问控制功能，效果如图 3-22 所示。

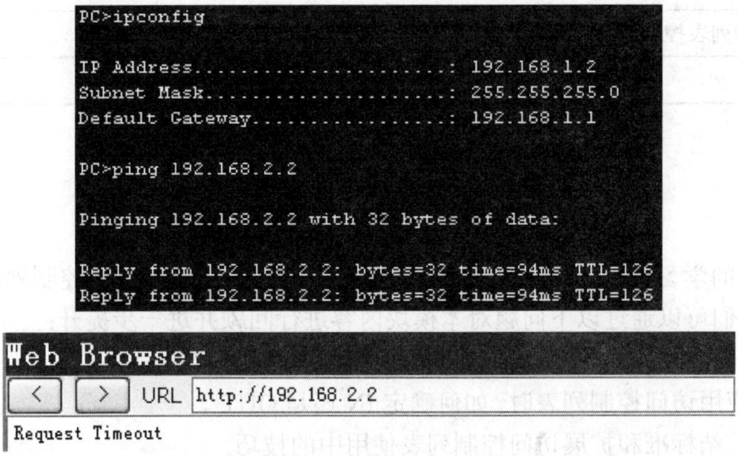

图 3-22　验证网络访问控制功能

可发现经过步骤 4 的设置后，计算机还是能 ping 通服务器，但是对服务器中 WWW 服务的访问已经被限制，实现目标。

知识链接

扩展 IP 访问控制列表比标准 IP 访问控制列表具有更多的匹配项，包括协议类型、源地址、目的地址、源端口、目的端口、建立连接的和 IP 优先级等。编号范围是 100 ～ 199 的访问控制列表是扩展 IP 访问控制列表。

任务拓展

1．在本任务步骤 4 中，如果在 RT_B 的 Fa0/0 端口使用命令 ip access-group 11 in 应用访问控制列表，会出现什么情况？为什么？

2．在本任务步骤 4 中，如果在 RT_A 的 Fa0/1 端口使用命令 ip access-group 11 in 应用访问控制列表，会出现什么情况？为什么？

3．在应用扩展访问控制列表控制网络访问时，在流量经过的哪个端口应用是最合理的方式？

任务评价

通过本任务的学习，给自己的学习打个分吧。

评 分 内 容	分　值	自 评 分	小 组 评 分
了解扩展访问控制列表的意义	30		
能使用命令创建扩展访问控制列表	20		
能在三层端口应用扩展 ACL 控制网络流量	20		
掌握扩展访问控制列表控制流量的排错方法	30		
合计	100		

模块小结

通过本模块的学习，我们掌握了使用标准访问控制列表和扩展访问控制列表在路由器上控制网络访问。我们可以通过以下问题对本模块内容进行回顾并进一步提升：

1．标准访问控制列表和扩展访问控制列表的区别有哪些？

2．在接口应用访问控制列表时，如何确定 IN 还是 OUT ？

3．请归纳总结标准和扩展访问控制列表使用中的技巧。

项目 4

中小型局域网操作系统实训

中小型局域网在规划的过程中必须考虑用户的日常需求，因此了解办公室用户常用的网络服务需求，掌握常见网络操作系统配置服务是非常重要的。本项目通过配置常见网络操作系统服务任务，达到能够为办公室用户提供基本的网络服务的目的。本项目的模块和具体任务如图 4-1 所示。

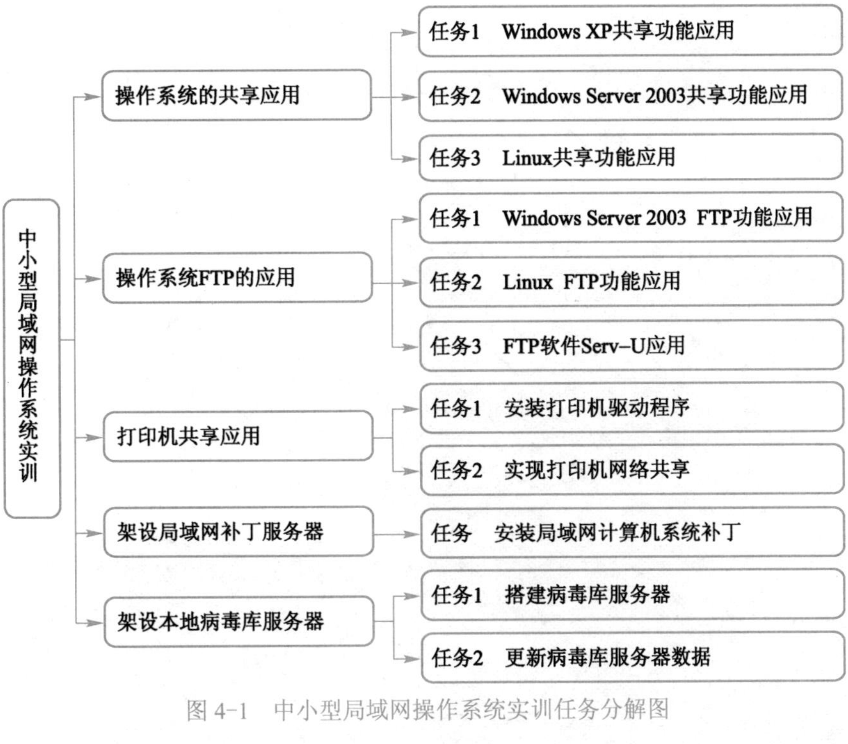

图 4-1　中小型局域网操作系统实训任务分解图

模块 1　操作系统的共享应用

工作任务 1　Windows XP 共享功能应用

任务描述

共享是操作系统最常用的操作内容，本任务着重训练在 Windows XP 操作系统中共享资料的能力。现在要求在 Windows XP 上共享一个 share 文件夹，让客户端的计算机能通过用户 k01 进行只读访问，通过用户 k02 和管理员用户 Administrator 进行完全控制访问。

任务准备

学生一人一台计算机，计算机内预装 Vmware 虚拟机软件，两台虚拟机分别预装 Windows XP（一个做共享服务端，一个做登录客户端），预装 VMTools 插件包。

任务实施

步骤 1：为两台 Windows XP 虚拟机配置 C 类私网 IP 地址和子网掩码，实现 ping 通，如图 4-2 所示。推荐将虚拟机网卡设置为 briged（桥接）。

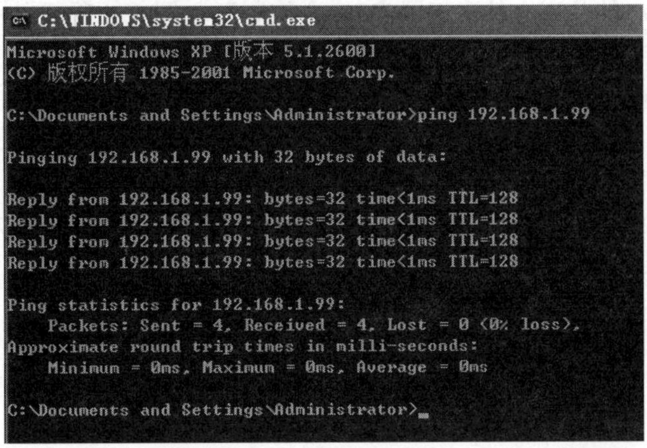

图 4-2　网络连通

步骤 2：在作为共享服务端的 Windows XP 系统的 D 盘上新建一个共享文件夹，并新建本地用户 k01 和 k02，设置本地管理员用户 Administrator、k01 和 k02 的测试密码均为 123。

步骤 3：取消 Windows XP 的“使用简单文件共享”服务，如图 4-3 所示。

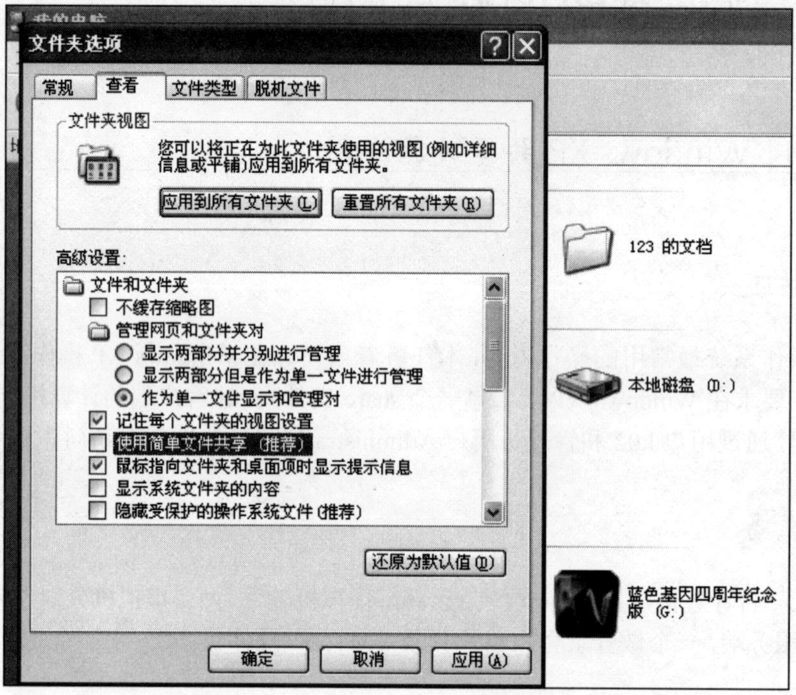

图 4-3　取消 Windows XP 的“使用简单文件共享”服务

步骤 4：设置共享文件夹权限。

设置用户 Administrator 共享文件夹权限为“完全控制”；设置用户 k01 的共享文件夹权限为“只读”；设置用户 k02 的共享文件夹权限为“完全控制”，如图 4-4 所示。

步骤 5：设置 NTFS 权限。

设置 Administrator 的 NTFS 权限为“完全控制”；设置用户 k01 的 NTFS 权限为“只读”；设置用户 k02 的 NTFS 权限为“完全控制”，如图 4-5 所示。

步骤 6：验证客户端访问。

在作为登录客户端的 Windows XP 系统中单击“开始”→“运行”，输入“\\ 服务端 IP 地址”进行访问验证，如图 4-6 所示。

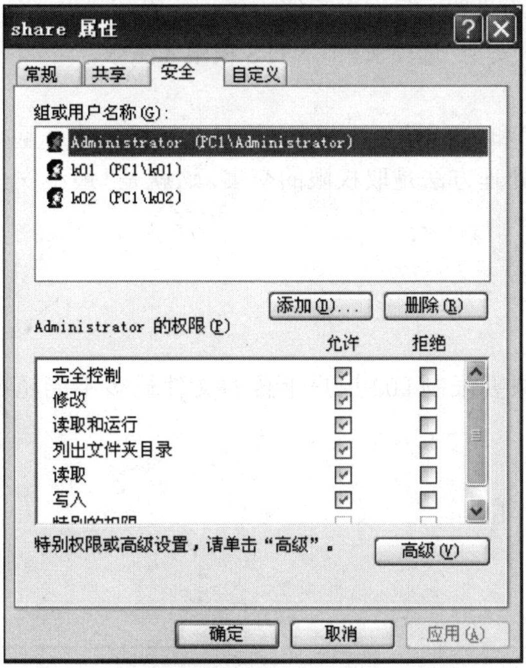

图 4-4　设置共享文件夹权限

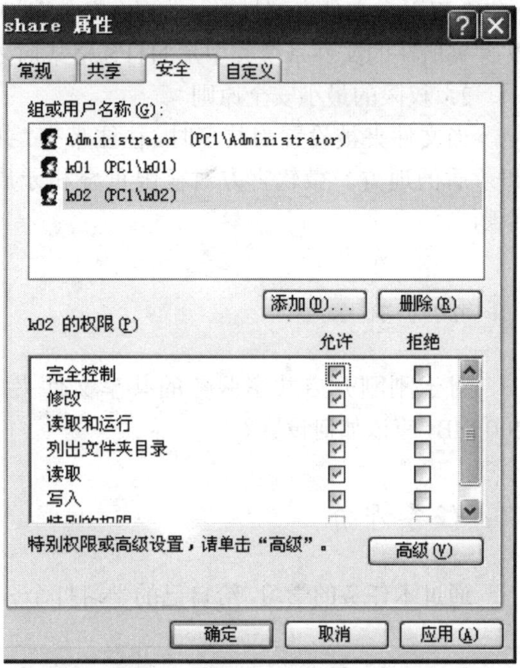

图 4-5　设置共 NTFS 权限

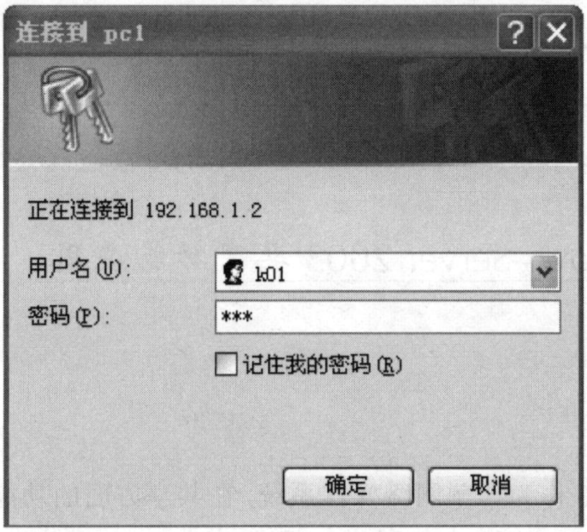

图 4-6　访问验证

知识链接

1．共享文件夹权限与 NTFS 权限

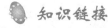

共享文件夹权限在文件夹属性对话框的“共享”选项卡中设置，它只在远程用户访问此共

享文件夹时有效，对于没有共享的文件夹或者是本地登录访问的用户，共享文件夹权限无效。NTFS 权限在文件夹属性对话框的“安全”选项卡中设置。只有在系统的 Server 服务开启，并且文件夹所在的文件系统类型是 NTFS 格式时才有“安全”选项卡，即 NTFS 权限才生效。

2. 权限的最小安全原则

当文件夹被设置为共享时，往往带有“共享”和“安全”两个权限，权限之间很可能有重叠和矛盾的地方。微软官方对权限重叠和矛盾的处理方法是取权限的交集，这就是“最小安全原则”。

任务拓展

对于刚刚开启共享服务的共享文件夹，如果要限制 k02 用户上传的文件最多不能超过 200 MB，应该如何设置？

任务评价

通过本任务的学习，给自己的学习打个分吧。

评分内容	分值	自评分	教师评分
了解权限的种类和特点	30		
理解最小安全原则	35		
能熟练进行任务实操	35		
合计	100		

工作任务 2 Windows Server 2003 共享功能应用

任务描述

Windows Server 2003 作为一款网络操作系统，在共享方面的功能比 Windows XP 更强大。现在要求在 Windows Server 2003 上共享一个 share 文件夹，让客户端的计算机能通过用户 k01 进行只读访问，通过用户 k02 和管理员用户 Administrator 进行完全控制访问。在上传的文件类型方面，.DOC 和 .EXE 两类文件扩展名不允许上传。

任务准备

学生一人一台计算机，计算机内预装 Vmware 虚拟机软件，两台虚拟机分别预装 Windows XP

和 Windows Server 2003 操作系统，预装 VMTools 插件包。Windows Server 2003 必须是 R2 版。

任务实施

步骤 1：为虚拟机 Windows XP 和 Windows Server 2003 配置 C 类私网 IP 地址和子网掩码，实现 ping 通。推荐设置虚拟机网卡设置为 briged（桥接）。

步骤 2：在作为共享服务端的 Windows Server 2003 系统的 D 盘上新建一个共享文件夹，并新建本地用户 k01 和 k02，设置本地管理员用户 Administrator、k01 和 k02 的测试密码均为 123。

步骤 3：设置共享文件夹权限。

设置 Administrator 的共享文件夹权限为“完全控制”；设置用户 k01 的共享文件夹权限为“只读”；设置用户 k02 的共享文件夹权限为“完全控制”。

步骤 4：设置 NTFS 权限。

设置 Administrator 的 NTFS 权限为“完全控制”；设置用户 k01 的 NTFS 权限为“只读”；设置用户 k02 为“完全控制”。

步骤 5：安装 Windows Server 2003 文件服务器资源管理器。

在控制面板中选择“添加 / 删除程序”→“Windows 组件向导”→“管理和监视工具”，选中“文件服务器管理”和“文件服务器资源管理器”，如图 4-7 所示。

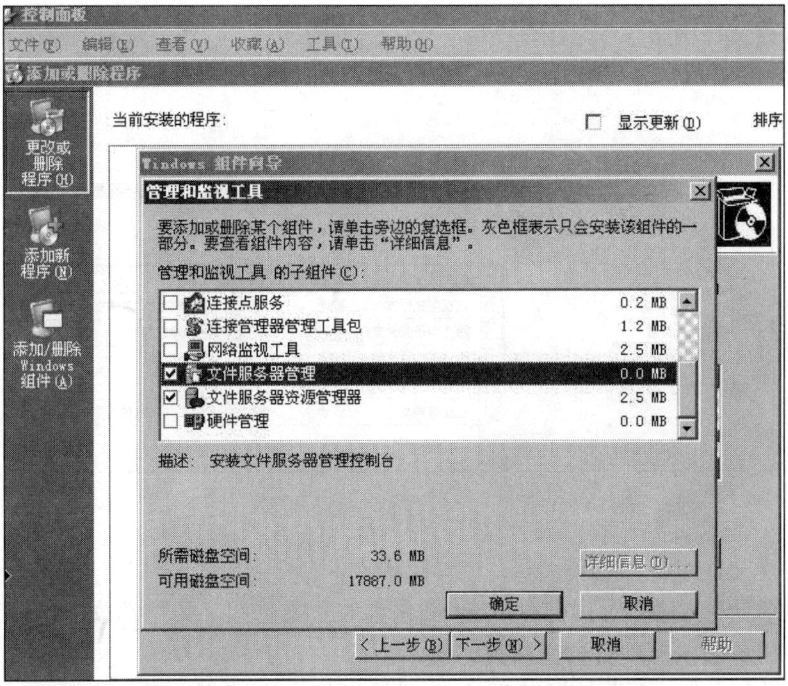

图 4-7　安装 Windows Server 2003 文件服务器资源管理器

步骤 6：打开文件服务器资源管理器。

选择“开始”→“程序”→“管理工具”→“文件服务器资源管理器”，如图 4-8 所示。

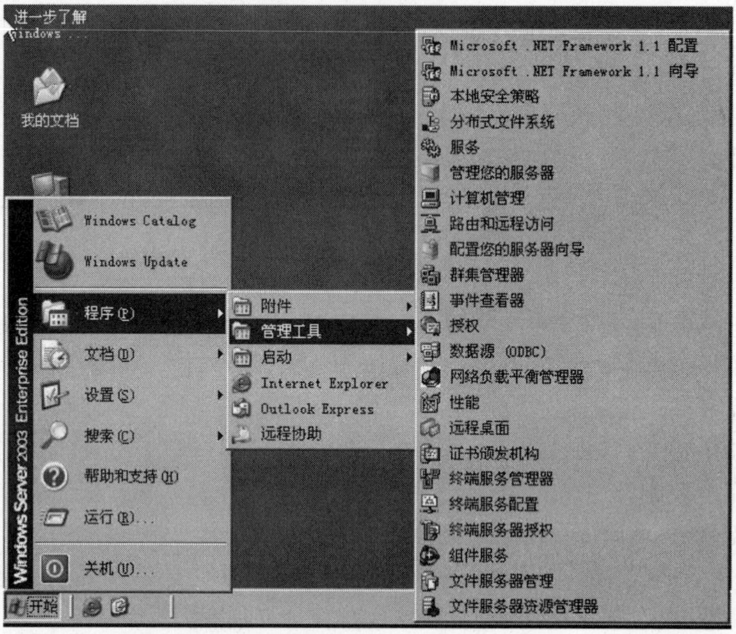

图 4-8 打开文件服务器资源管理器

步骤 7：创建文件屏蔽模板。

在文件服务器资源管理台左侧控制台中右击“文件屏蔽模板”，选择“创建文件屏蔽模板”，如图 4-9 所示。

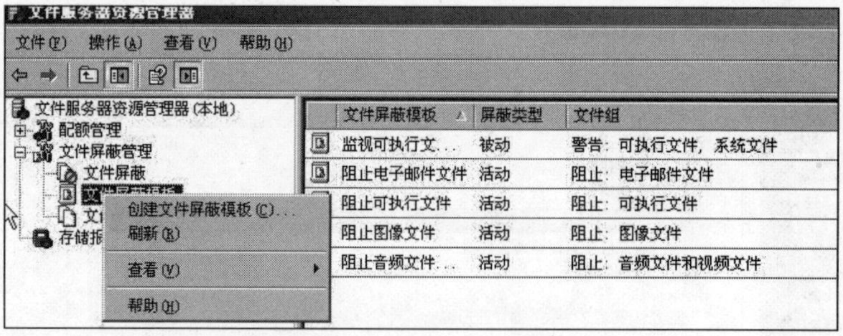

图 4-9 创建文件屏蔽模板

步骤 8：创建文件组。

在“创建文件屏蔽模板”对话框中单击“创建”，设置文件组名为“1”，如图 4-10 所示。

步骤 9：应用屏蔽模板到目标文件夹。

在左侧控制台中双击“文件屏蔽”，在打开的文件夹中选择文件屏蔽路径为 C:\share，如图 4-11 所示。

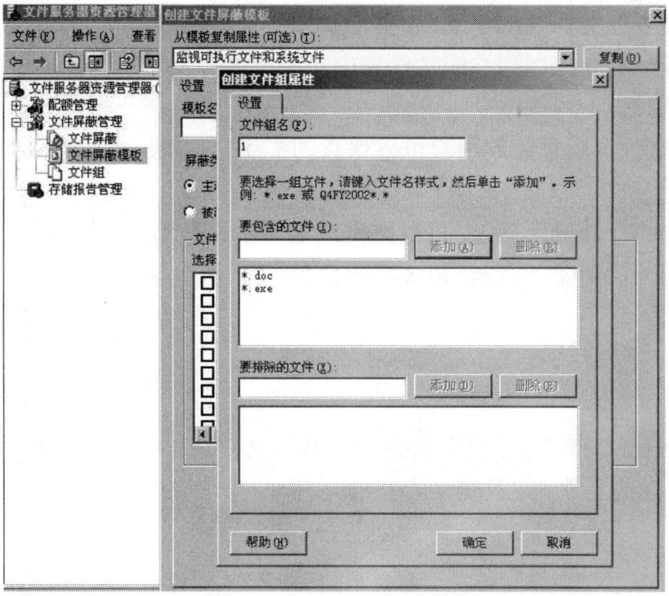

图 4-10　创建文件屏蔽模板

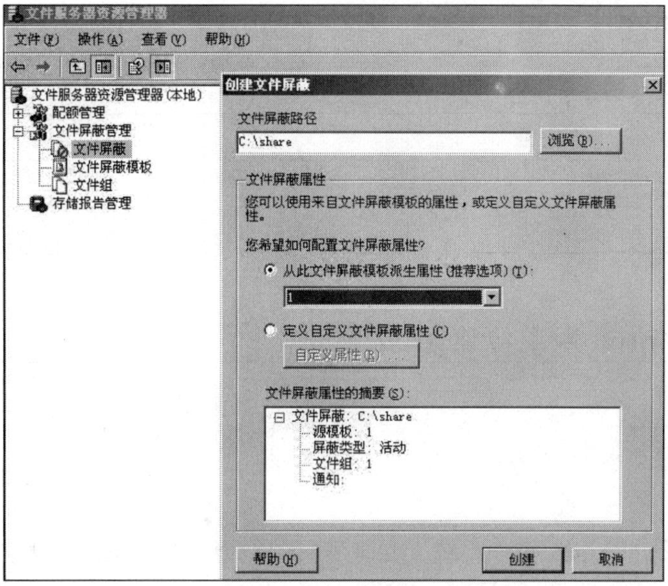

图 4-11　应用屏蔽模板到目标文件夹上

知识链接

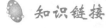

Windows Server 2003 R2 文件服务器资源管理器的特点：

（1）配额管理

① 可对驱动器卷或文件夹创建配额，并且提供了完善的监控机制。

② 可自动生成配额并应用到卷或文件夹中的所有现有及将来创建的子文件夹上。

（2）文件屏蔽管理

可以通过创建文件屏蔽来控制用户可以保存的扩展名，提供了完善的监控。

（3）存储报告管理

① 提供了完善的存储报告功能，可以按需或定期生成存储报告。

② 具有强大的分析功能，可以获得详细的信息。

任务拓展

在 Windows Server 2003 的 C 盘上新建一个共享文件夹 TEST，要求用户 k01 最多只能往该文件夹中存储 20 MB 的文件，且不能存放 RAR 文件。

任务评价

通过本任务的学习，给自己的学习打个分吧。

评 分 内 容	分 值	自 评 分	教 师 评 分
能进行文件服务器资源管理器安装	30		
能进行文件服务器资源管理器的配置	35		
能熟练进行任务实操	35		
合计	100		

工作任务 3 Linux 共享功能应用

任务描述

本任务着重训练在 Linux 操作系统上共享资料的能力。公司 samba 服务器上有一个共享文件夹 sales，公司规定只有 boss 账号和 sales 组可以对该文件夹进行完全控制访问，其他人只有读取的权限。

任务准备

学生一人一台计算机，计算机内预置 Vmware 虚拟机软件，两台虚拟机分别预装 Windows

XP 和 Linux 操作系统，预装 VMTools 插件包。

任务实施

步骤 1：为两台虚拟机配置 C 类私网 IP 地址和子网掩码，实现 ping 通。推荐设置虚拟机网卡设置为 briged（桥接）。

步骤 2：编辑 samba 的主配置文件 vi/etc/samba/smb.conf。

首先把安全级别改为 share 模式：

```
# Security mode. Most people will want user level security.See
# Security_level.txt for details.
    Security=share
```

建立 sales 组，在组中建立两个账号 sale1 和 sale2，建立账号 boss：

```
useradd-g sales sale 1
useradd-g sales sale 2
useradd-g sales boss
```

步骤 3：将账号映射到 smbpasswd 账号，使用 smbpasswd-a 账号名。

```
Smbpassword-a sale 1
Smbpassword-a sale 2
```

步骤 4：编辑 smb 配置文件。

```
[sales]
   comment=sales
   writable=yes
   write list=@sales, boss
```

步骤 5：重载 smb 服务。

```
service smb reload
```

步骤 6：在客户端输入共享地址进行验证。

任务拓展

公司 samba 服务器有一个共享文件夹 public，公司规定 sale.com 域和 .net 域的客户端不能访问该文件夹，主机名为 free 的客户端也不能访问该文件夹。

任务评价

通过本任务的学习，给自己的学习打个分吧。

评 分 内 容	分　值	自 评 分	教 师 评 分
能进行 samba 主文件的配置	30		
能进行 samba 用户配置	35		
能熟练进行操作	35		
合计	100		

模块小结

通过本模块的学习，我们在 Windows XP、Windows Server 2003、Linux 三种操作系统中进行了资料共享。我们可以通过以下问题对本模块内容进行回顾并进一步提升：

1．什么是最小安全原则？

2．共享文件夹权限和 NTFS 权限分别应用在什么范围？

3．Windows Server 2003 共享功能方面哪些比 Windows XP 更加丰富？

4．文件服务器资源管理器的安装有哪些步骤？

5．samba 服务的配置有哪些步骤？

模块 2 操作系统的 FTP 应用

工作任务 1 Windows Server 2003 FTP 功能应用

任务描述

FTP 传输是操作系统中最常用的文件传输手段之一。本任务中要求在 Windows Server 2003 上建立具有用户隔离效果的 FTP，既让匿名用户可以下载，又让 FTP 用户 f01 和 f02 都能完全控制自己的用户目录。

任务准备

学生一人一台计算机，计算机内预装 Vmware 虚拟机软件，两台虚拟机上分别预装的 Windows XP 和 Windows Server 2003 虚拟机，预装 VMTools 插件包。

任务实施

步骤 1：为两台虚拟机配置 C 类私网 IP 地址和子网掩码，实现 ping 通。推荐设置虚拟机网卡设置为 briged（桥接）。在 Windows Server 2003 上新建用户 f01 和 f02，测试密码均为 123。

步骤 2：搭建 Windows Server 2003 FTP 服务器。

第 1 步：在 Windows Server 2003 IIS 中安装 FTP 组件，如图 4-12 所示。

第 2 步：配置 FTP 服务器。

① 在 Windows Server 2003 中选择“控制面板”→“管理工具”→“Internet 信息服务（IIS）管理器”，在 Internet 信息服务（IIS）管理器左侧控制台中展开“FTP 站点”（也可以在“运行”对话框中输入 INETMGR 进入管理器），可以看到在 FTP 站点里面没有任何的子站点或虚拟站点，如图 4-13 所示。

② 在虚拟机 Windows Server 2003 的硬盘分区中建立一个名为 wks 的文件夹，把该文件夹作为待建 FTP 站点的主目录。在 wks 文件下创建一个名为 localuser 的子文件夹 （该子文件夹名称不能随意设置），然后在 localuser 子文件夹窗口下依次创建好与每个用户账户名相同的个人文件夹，例如为 f01 用户创建一个 f01 子文件夹；为 f02 用户创建一个 f02 子文件夹（如果用

户账户名与用户目录名称不一样，日后用户就无法访问自己目录下面的内容)。

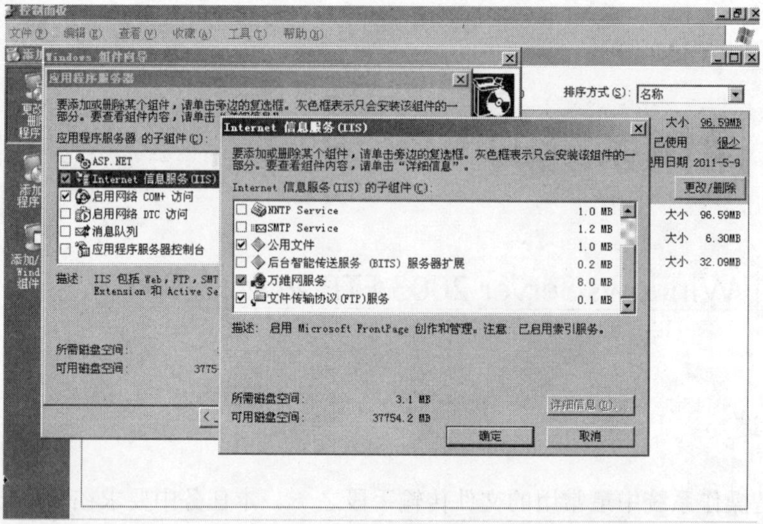

图 4-12　在 Windows Server 2003 IIS 中安装 FTP 组件

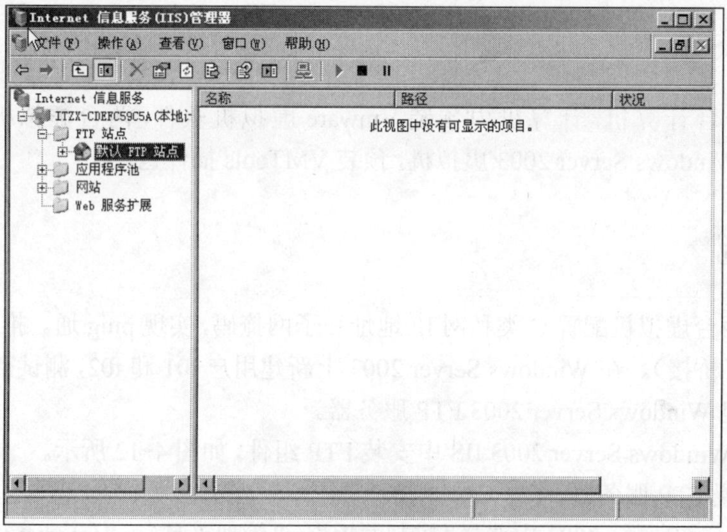

图 4-13　Internet 信息服务(IIS)管理器

③ 如果希望架设成功的 FTP 站点具有匿名登录功能，就必须在 localuser 文件夹中创建一个 public 子目录，日后访问者通过匿名方式登录进 FTP 站点时，只能浏览到 public 子目录中的内容。

④ 创建“用户隔离” FTP 站点：右键单击“FTP 站点”，选择“新建”→“FTP 站点”（注意一定要新建，因为“默认 FTP 站点”的默认属性是不隔离用户的）。按提示设置，在“FTP 用户隔离”对话框中选中 “隔离用户”选项，单击“浏览”按钮，将 wks 文件夹导入作为主目录，单击“确定”

按钮。设置权限后，结束 FTP 站点的架设操作。

第 3 步：配置用户目录权限，保证 f01 用户和 f02 用户分别对自己的用户目录有完全控制的权限。

步骤 3：登录 FTP 服务器

在浏览器地址栏中输入“ftp:// 服务器的 IP 地址”，例如“ftp://192.168.16.201”，即可登录匿名用户（anonymous 用户）界面。在以匿名用户登录后，选择浏览器中的“文件”→“登录”命令，输入其他账户名和密码，即可登录特定账户的界面。

任务拓展

假如 C 盘根目录上有个文件夹 wks，下面有两个子文件夹： k01 和 k02。现在要求用户 k01 和 k02（测试密码都是 123）只能通过 FTP 登录自己同名的文件夹。试着用虚拟目录的方法实现这一目标。

任务评价

通过本任务的学习，给自己的学习打个分吧。

评分内容	分　值	自评分	教师评分
能安装 FTP	20		
能配置 FTP	35		
能配置用户文件夹的权限	35		
能熟练进行操作	10		
合计	100		

工作任务 2　Linux FTP 功能应用

任务描述

本任务要求在 Linux 上建立具有用户隔离效果的 FTP，既让匿名用户可以下载，又让 FTP 用户 f01 和 f02 都能完全控制自己的用户目录。匿名用户的目录为 /public，f01 和 f02 两个用户的主目录分别为 /ftp/f01 和 /ftp/f02。

任务准备

学生一人一台计算机，计算机内预装 Vmware 虚拟机软件，在两台虚拟机上分别预装完

Windows XP 和 Linux 操作系统，预装 VMTools 插件包。

任务实施

步骤 1：为两台虚拟机配置 C 类私网 IP 地址和子网掩码，实现 ping 通。推荐设置虚拟机网卡设置为 briged（桥接）。在 Linux 上新建用户 f01 和 f02，测试密码均为 123。修改 /etc/passwd，设置用户 f01、f02 的主目录分别为 /ftp/f01 和 /ftp/f02（两处目录需要新建）。

步骤 2：配置 vsftpd 服务器。

第 1 步：配置修改文件 /etc/vsftpd.conf

（1）chroot_list_enable=YES

说明：锁定某些用户在自己的目录中，而不可以转到系统的其他目录。

（2）chroot_list_file=/etc/vsftpd.chroot_list 改为 chroot_list_file=/etc/vsftpd/chroot_list

说明：指定被锁定在主目录的用户的列表文件。

（3）添加一句代码 chroot_local_user=yes

说明：将本地用户锁定在主目录中。

（4）anon_root=/public

说明：设定匿名用户的目录。

第 2 步：编辑 chroot_list 文件：添加用户 root。

（1）在 /etc/vsftp.ftpuses 中，加 # 注释掉 root 用户

说明：vsftpd 禁止列在此文件中的用户登录 FTP 服务器，注释掉 root，使之能登录。

（2）在 /etc/vsftp.user_list 中，加 # 注释掉 root 用户

说明：vsftpd 禁止列在此文件中的用户登录 FTP 服务器，注释掉 root，使之能登录。

步骤 3：重新启动服务并登录测试。

重新启动服务：

Service vsftpd restart

在浏览器地址栏中输入“ftp:// 服务器的 IP 地址”，例如“ftp://192.168.16.201”，即可登录匿名用户（anonymous 用户）界面。在登录匿名用户界面后，在浏览器中选择“文件”→“登录”选项，输入其他账户名和密码，即可登录特定账户的界面。

任务拓展

熟悉 vsftpd.conf 各行代码的含义。考虑一下，如果设定 FTP 的登录端口为 2121，该如何配置？如果允许匿名用户上传文件夹和文件，又该如何配置？

任务评价

通过本任务的学习，给自己的学习打个分吧。

评 分 内 容	分　值	自 评 分	教 师 评 分
熟悉 Linux 相关命令	20		
能配置 vsftpd 服务	35		
能配置本地用户目录	25		
能熟练进行任务实操	20		
合计	100		

工作任务 3 FTP 软件 Serv-U 应用

任务描述

要求使用 Serv-U 的虚拟目录，同时调用分别位于 D 盘和 E 盘根目录的文件夹 LoveHina。

任务准备

学生一人一台计算机，计算机内预装 Vmware 虚拟机软件，两台虚拟机分别预装完 Windows XP 操作系统，其中一台虚拟机中预装 Serv-U 中文版，预装 VMTools 插件包。

任务实施

步骤 1：为两台虚拟机配置 C 类私网 IP 地址和子网掩码，实现 ping 通。推荐设置虚拟机网卡设置为 briged（桥接）。

步骤 2：配置 Serv-U 虚拟目录。

第 1 步：在 Serv-U 管理器左侧控制台中选择“域”→“设置”，在“常规”选项卡中单击“添加”按钮，如图 4-14 所示。

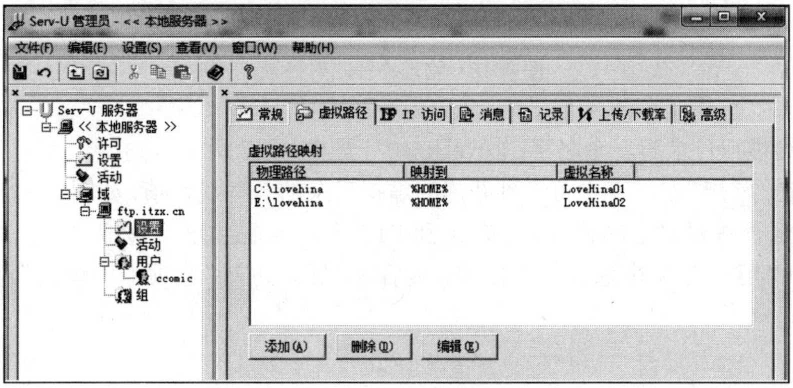

图 4-14　Serv-U 的配置

第 2 步：在弹出的对话框中输入要映射的目录的物理路径，本例中为“F:\LoveHina”，如图 4-15 所示。

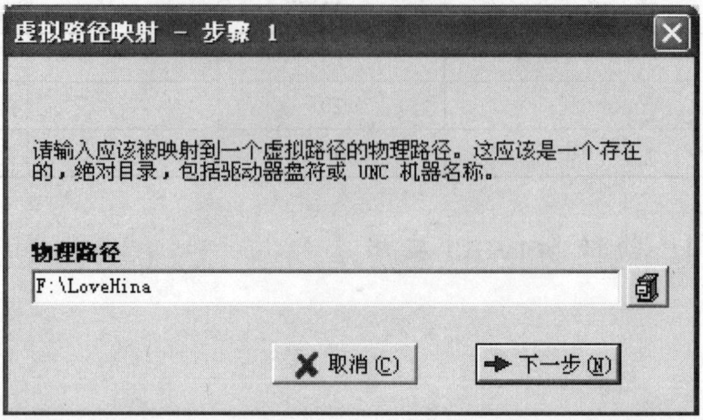

图 4-15 虚拟路径映射

第 3 步：单击“下一步”按钮，选择物理路径映射到的目录，这里输入“%HOME%”（注意提示），如图 4-16 所示。

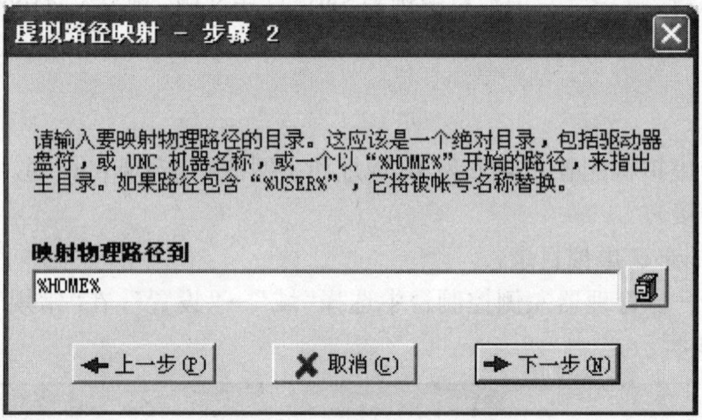

图 4-16 物理路径映射目录

第 4 步：给虚拟目录起一个名字：LoveHina03，如图 4-17 所示。

第 5 步：在“常规”选项卡中可看到新建的虚拟目录的一些属性值，如图 4-18 所示。

第 6 步：做一些权限上的修改，让登录到 FTP 上的人看到这个虚拟目录。在左侧控制台中单击“域”→“用户”，从中选择一个账号，然后在“目录访问”选项卡中单击“添加”按钮，如图 4-19 所示。

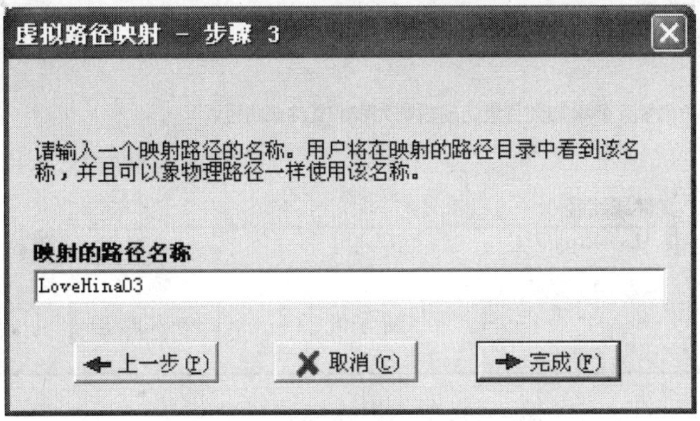

图 4-17　虚拟目录命名

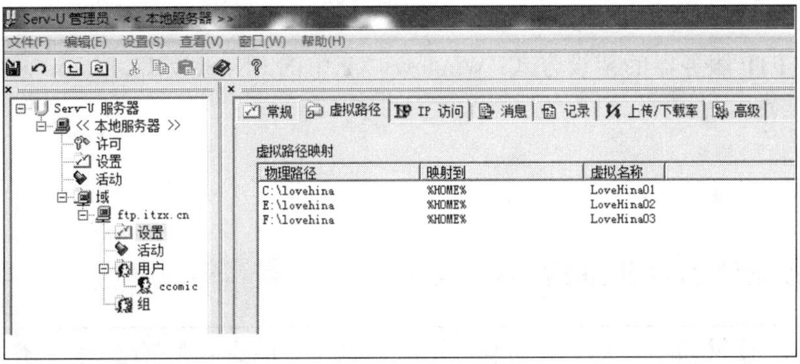

图 4-18　虚拟目录属性值

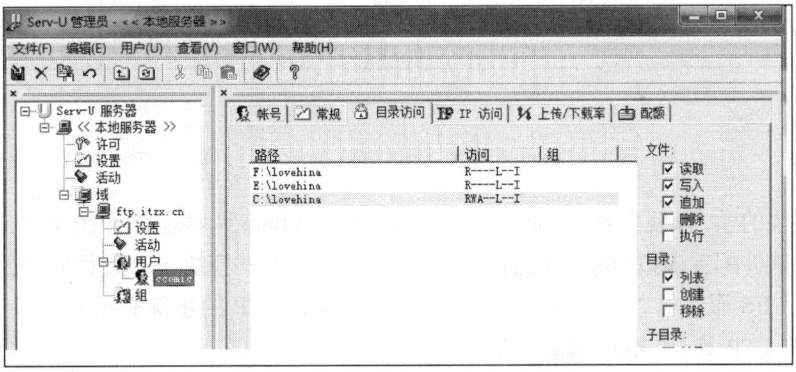

图 4-19　添加账号

第 7 步：在弹出的对话框中输入已经映射的虚拟目录的物理路径，如图 4-20 所示。保存设置即可。

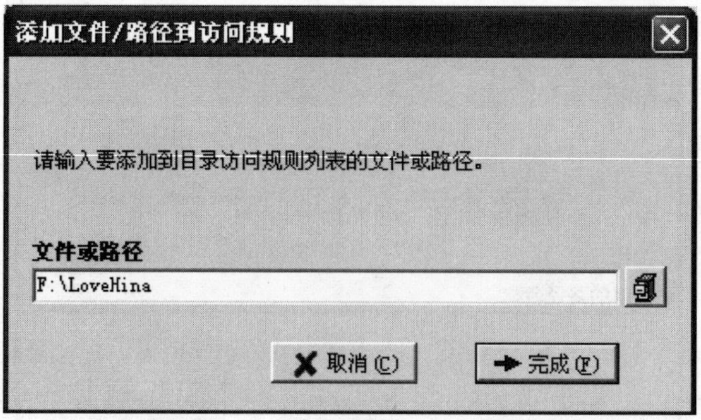

图 4-20 输入虚拟目录的物理路径

任务拓展

比较三种 FTP 服务器的架设方式：Windows XP 中的 IIS、Serv-U、Linux，总结其不同之处和各自的优、缺点。

任务评价

通过本任务的学习，给自己的学习打个分吧。

评分内容	分值	自评分	教师评分
能建立 Serv-U 用户并设置权限	20		
能配置虚拟目录	35		
能熟练进行任务实操	45		
合计	100		

模块小结

通过本模块的学习，我们在 Windows Server 2003 和 Linux 两种操作系统中建立了 FTP，并使用第三方 FTP 软件配置虚拟目录。我们可以通过以下问题对本模块内容进行回顾并进一步提升：

1. 什么是 IIS 服务器？ Windows Server 2003 下安装 FTP 的步骤有哪些？
2. 默认的 FTP 具有“用户隔离”效果吗？
3. vsftpd 服务的用途是什么？
4. 如何配置匿名 FTP 用户的默认登录目录？一个最简单的 vsftpd 服务要配置哪些文件？
5. 建立 Serv-U 用户和设置用户权限有哪些步骤？
6. 虚拟目录的设置有哪些步骤？

模块 3 打印机共享应用

工作任务 1　安装打印机驱动程序

任务描述

打印机驱动程序的安装是日常办公要进行的日常工作之一。本任务中，要求在 Windows XP 上安装（虚拟）打印机驱动程序，以便更好地对打印机驱动程序安装过程有深刻理解。

任务准备

学生一人一台计算机，计算机内预装 Vmware 虚拟机软件，虚拟机上预装的 Windows XP 操作系统，并预装 VMTools 插件包。

任务实施

步骤 1：在虚拟机中装入 Windows XP 系统安装光盘。

步骤 2：在控制面板中打开“打印机和传真”。

步骤 3：单击“添加打印机”，如图 4-21 所示。

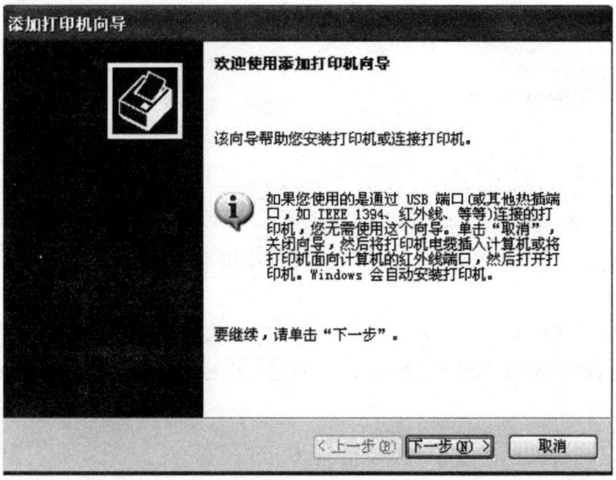

图 4-21　添加打印机

步骤 4：单击“下一步”按钮，选择“连接到此计算机的本地打印机”，如图 4-22 所示。

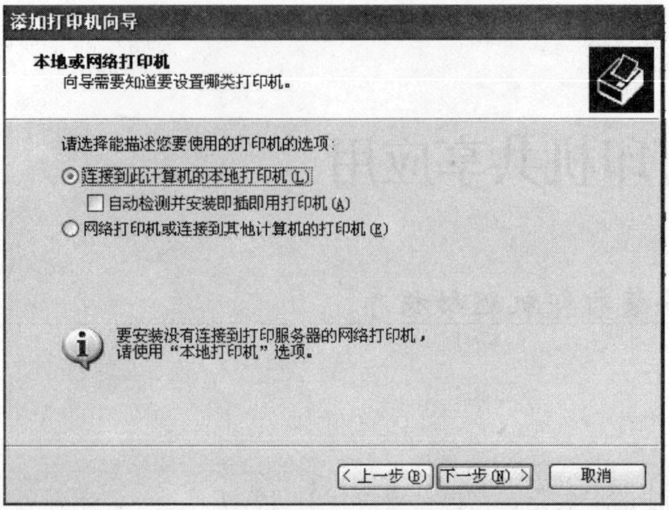

图 4-22　连接打印机

步骤 5：确保“自动检测并安装即插即用打印机”没有选中，然后单击“下一步”，如图 4-23 所示。

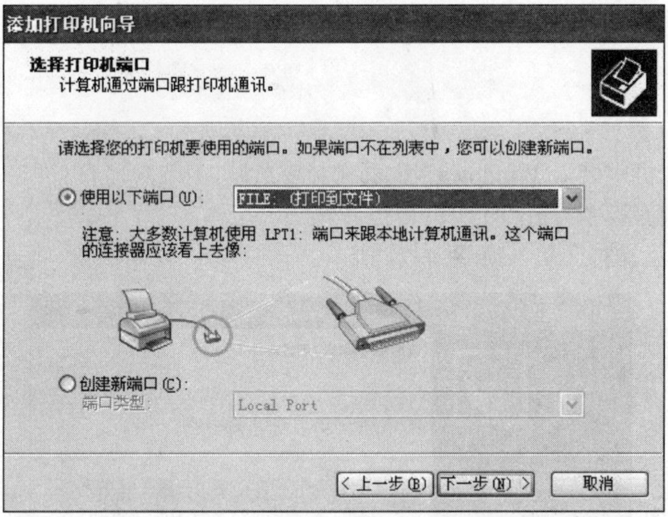

图 4-23　选择打印机端口

步骤 6：选择端口为“FILE：(打印到文件)”，然后单击“下一步”按钮。

步骤 7：在厂商列表中选择“EPSON”，在打印机型号列表中选择“EPSON 1600KII”，然后单击“下一步”按钮。

步骤 8：在弹出的对话框中可以输入打印机的名称，也可以使用默认的，单击“下一步”按钮。

步骤 9：在弹出的如图 4-24 所示的询问是否打印测试页的对话框中选择“否”，单击“下一步”，直至完成安装。

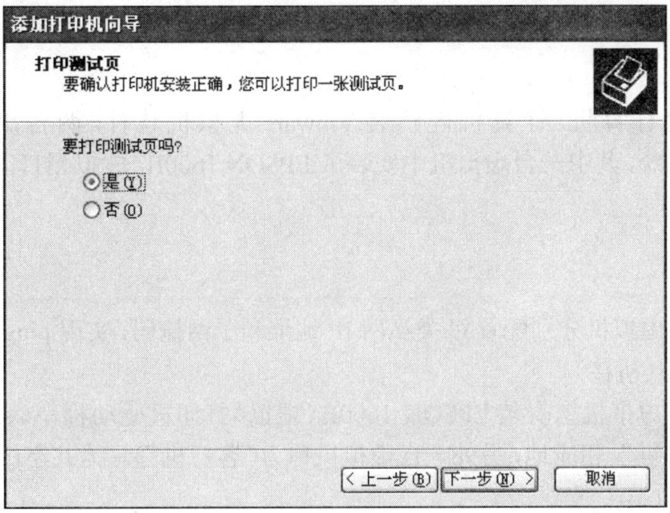

图 4-24　实验环境下不测试打印机

任务拓展

在步骤 5 中选择“创建新端口”选项进行打印机的安装，体验并讨论该选项的作用。

任务评价

通过本任务的学习，给自己的学习打个分吧。

评 分 内 容	分　值	自 评 分	教 师 评 分
能进行打印机的基础安装	40		
能进行打印机安装中的高级操作	15		
能熟练进行任务实操	45		
合计	100		

工作任务 2　实现打印机网络共享

任务描述

在办公室中，不大可能为每台计算机都配备一台打印机，这时打印共享就很有必要了。打印共享可以说是局域网环境下最为普遍的外设共享方案，因为实现起来非常简单。本任务是在工作任务 1 的基础上，在 Windows XP 操作系统中实现网络打印共享。

任务准备

学生一人一台计算机，计算机内预装 Vmware 虚拟机软件，两台虚拟机上分别预装 Windows XP 操作系统，其中一台虚拟机中安装了 EPSON 1600II（虚拟）打印机驱动程序。

任务实施

步骤 1：为两台虚拟机分别配置 C 类私网 IP 地址和子网掩码，实现 ping 通。推荐设置虚拟机网卡设置为 briged（桥接）。

步骤 2：在一台虚拟机上安装 EPSON 1600II（虚拟）打印机驱动程序（在后面的步骤中，这台虚拟机称为“共享机”，相应地，另外一台虚拟机称为“客户机”）。为共享机设置一个网络打印用户名 test，密码为 123。

步骤 3：右击桌面上的“网上邻居”，选择“属性”命令，右击“本地连接”图标，选择“属性”命令，检查是否安装了“Microsoft 网络的文件和打印机共享”网络服务，如图 4-25 所示。

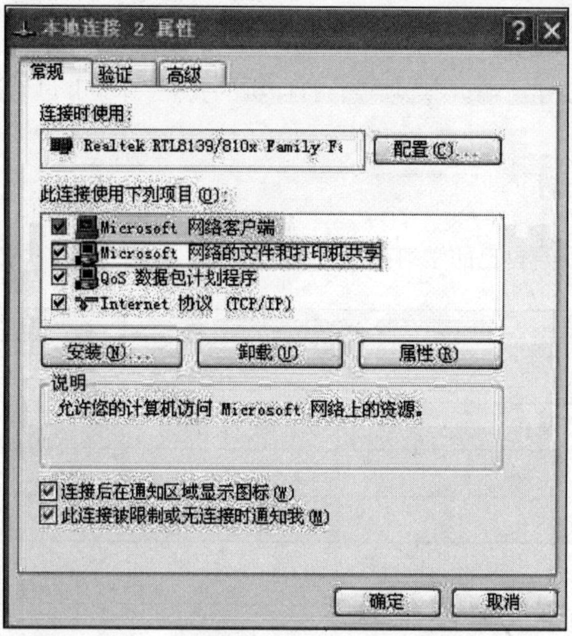

图 4-25 必须设置文件和打印机共享

步骤 4：在共享机的打印机图标上单击鼠标右键，选择“共享”命令，打开打印机的属性对话框，切换至“共享”选项卡，选择“共享这台打印机”，并在“共享名”文本框中输入需要共享的名称 print。

步骤 5：在客户机的浏览器地址栏中输入“\\ 共享机的 IP\print”。进行用户名和密码验证后，即完成网络打印机驱动程序的安装。

任务拓展

打印机共享后，局域网内的其他未授权用户也有可能使用共享打印机，为了控制局域网用户对打印机的访问，有必要通过设置账号使用权限来对打印机的使用对象进行限制。通过对安装在共享机上的打印机进行安全属性设置，指定只有合法账号才能使用共享打印机。请设定权限，实现 print 用户和本地 administrators 用户能打印，其他用户不能。

任务评价

通过本任务的学习，给自己的学习打个分吧。

评分内容	分值	自评分	教师评分
能进行打印机的基础安装	20		
能进行打印机的共享	40		
能设置打印机共享权限	40		
合计	100		

模块小结

通过本模块的学习，我们安装了本地打印机并进行了打印机的网络共享。我们可以通过以下问题对本模块内容进行回顾并进一步提升：

1. 打印机共享依赖哪个协议？
2. 网络打印驱动程序安装有哪些步骤？

模块 4 架设局域网补丁服务器

工作任务 安装局域网计算机系统补丁

任务描述

安装操作系统的漏洞补丁目前已成为提高系统安全性的主要手段。但是局域网中计算机众多，同时通过访问 Internet 安装系统补丁，会影响 Internet 接入速度。本任务将利用 360 安全卫士、FTP 和 wget 搭建局域网内操作系统补丁自动更新分发平台。

搭建一台 FTP 服务器，把 FTP 的主目录作为补丁库，在局域网其他计算机上安装 wget，利用 wget 设定自动同步时间，将 FTP 上的补丁库定时同步到 360 安全卫士修复漏洞模块的补丁保存目录，即可实现 360 自动安装系统补丁。

任务准备

学生一人一台计算机，计算机内预装 Vmware 虚拟机软件，两台虚拟机上分别预装 Windows XP 操作系统，并预装 VMTools 插件包。其中一台虚拟机作为 FTP 服务器，提供补丁的下载源（称为“服务器”），另一台虚拟机模拟需要安装系统补丁的客户机（称为“客户机”）。

任务实施

步骤 1：搭建 FTP 服务器。

使用 Serv-U 搭建 FTP 服务器，假设 FTP 服务器的 IP 地址为 10.104.6.167，FTP 服务器地址为：ftp:// 10.104.6.167，用户名：hotfix，密码：password，如图 4-26 所示。

步骤 2：安装 wget for windows 及使用说明。

第 1 步：将 wget.exe 文件放在客户机的 d:\hotfix\bin。实现客户机和服务器 ping 通。进入客户机的命令提示符窗口，进入 d:\hotfix\bin\，执行 d:\hotfix\bin\wget.exe-m"ftp://hotfix:password@10.104.6.167:21/"，建立 d:\hotfix\bin\10.104.6.167 目录结构。

第 2 步：在客户机上建立一个批处理文件 hotfix.bat，随开机启动。文件代码如下：

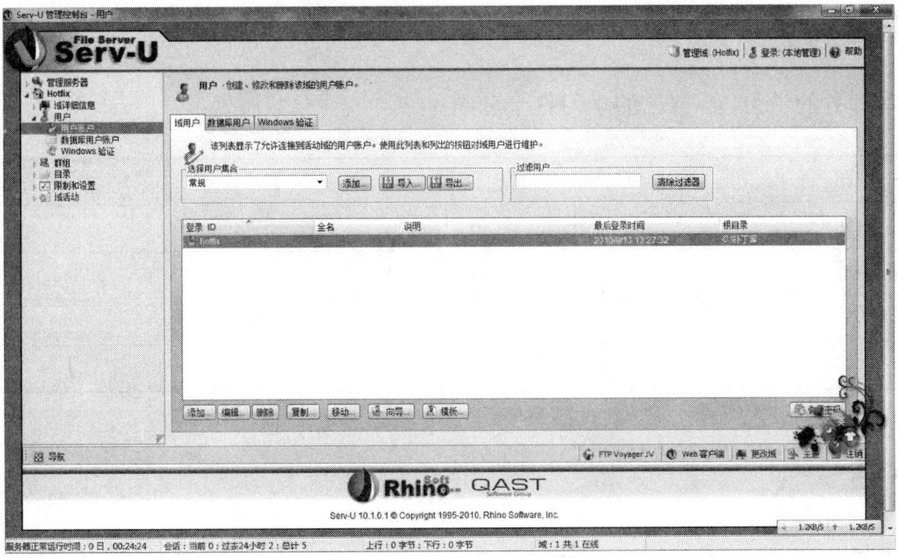

图 4-26　使用 Serv-U 搭建 FTP 服务器

cd d:\hotfix\bin\

wget.exe -m" ftp://hotfix:password@10.104.6.167:21/"

步骤 3：设置 360 安全卫士，设置如图 4-27 所示，实现自动扫描和修复系统漏洞。

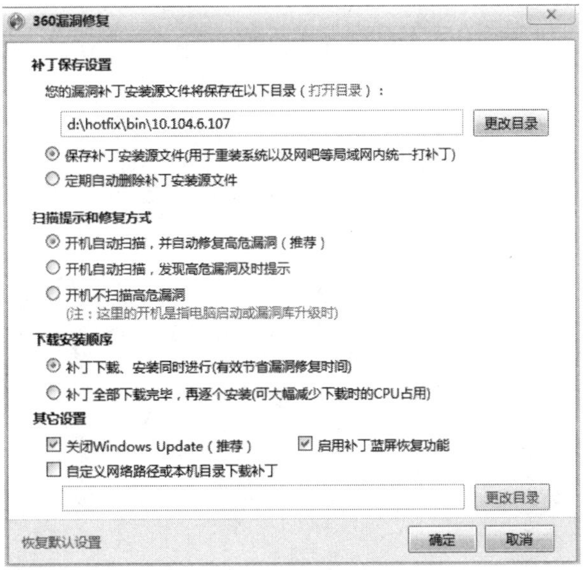

图 4-27　设定补丁保存目录

任务拓展

wget 后面跟不同的参数有不同的含义，请在课后自己对其他参数的含义加以了解。

任务评价

通过本任务的学习，给自己的学习打个分吧。

评分内容	分值	自评分	教师评分
能熟练安装 FTP	30		
能应用 wget 命令	30		
能综合应用 360 安全卫士	40		
合计	100		

模块小结

通过本模块的学习，我们了解了如何利用 360 安全卫士、FTP 和 wget 安装局域网计算机系统补丁。我们可以通过以下问题对本模块内容进行回顾并进一步提升：

用 FTP 共享的模式来升级局域网计算机的系统补丁有什么优势？

模块 5 架设本地病毒库服务器

工作任务 1 搭建病毒库服务器

任务描述

本任务要搭建杀毒软件病毒库局域网升级服务器，并在客户机上成功升级其杀毒软件病毒库。

任务准备

1. 学生一人一台计算机，计算机内预装 Vmware 虚拟机软件，两台虚拟机上分别预装 Windows XP 和 Windows Server 2003 操作系统，并预装 VMTools 插件包。

2. 实训教师事先准备 NOD32 杀毒软件安装程序及对应的离线更新包（推荐在官方网站 http://www.eset.com.cn 下载），供学生下载到本地计算机上。

任务实施

步骤 1：为两台虚拟机分别配置 C 类私网 IP 地址和子网掩码，实现 ping 通，如图 4-28 所示。推荐设置虚拟机网卡为 briged 或者 host only。

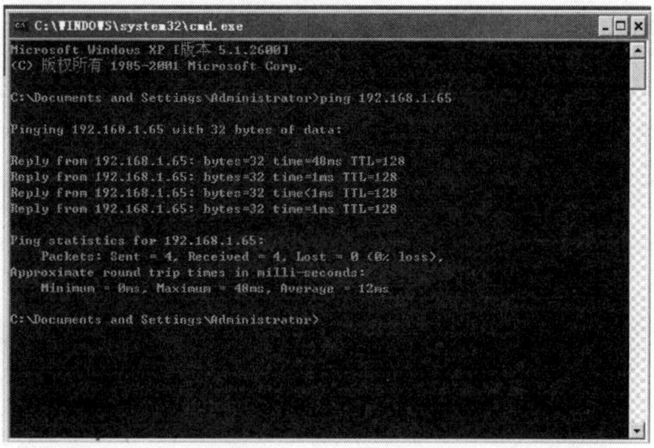

图 4-28 网络连通

步骤 2：在 Windows Server 2003 虚拟机上建立病毒库文件的存放文件夹“nod32”，并将病毒库离线更新包里的文件复制到 nod32 文件夹中，如图 4-29 所示。

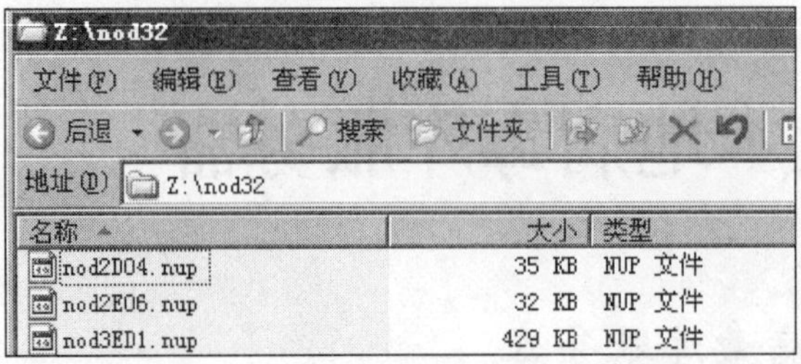

图 4-29　病毒库离线更新包的存放

步骤 3：安装 Windows Server 2003 虚拟机 IIS 服务。

在控制面板中双击“添加 / 删除程序”，单击“添加 / 删除 Windows 组件”→“应用程序服务器”，选择“Internet 信息服务（IIS）”，如图 4-30 所示。

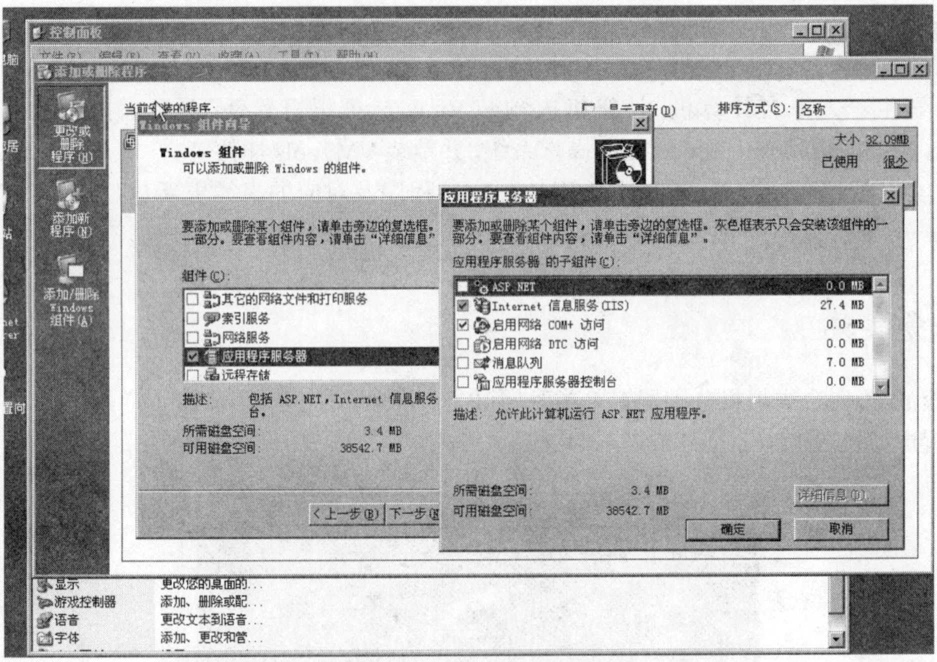

图 4-30　安装 Windows Server 2003 虚拟机 IIS 服务

步骤 4：新建一个虚拟主机“nod update”。

第 1 步：定义主目录为步骤 2 中“nod32”所在的位置，如图 4-31 所示。

第 2 步：给虚拟主机“nod update”添加 Internet 来宾用户，并设置其权限，如图 4-32 所示。

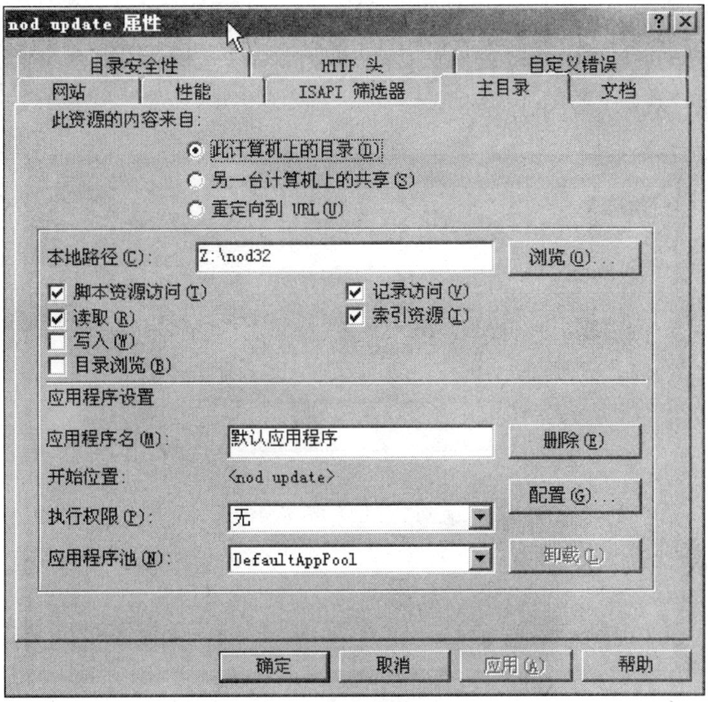

图 4-31　配置虚拟主机

第 3 步：添加两种 MIME 类型：.nup 和 .ver，如图 4-33 所示。

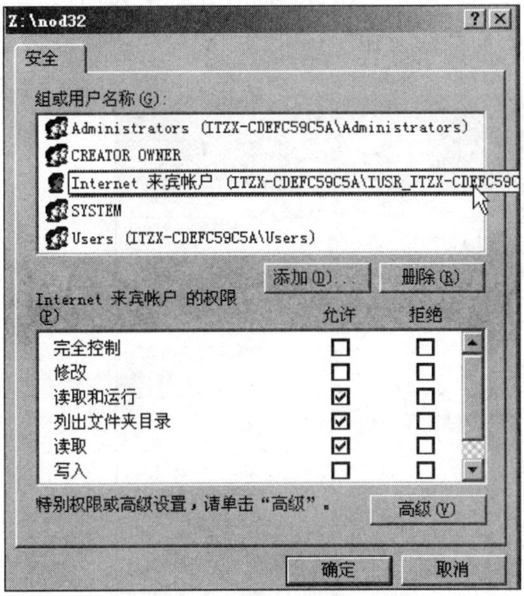

图 4-32　配置目录权限

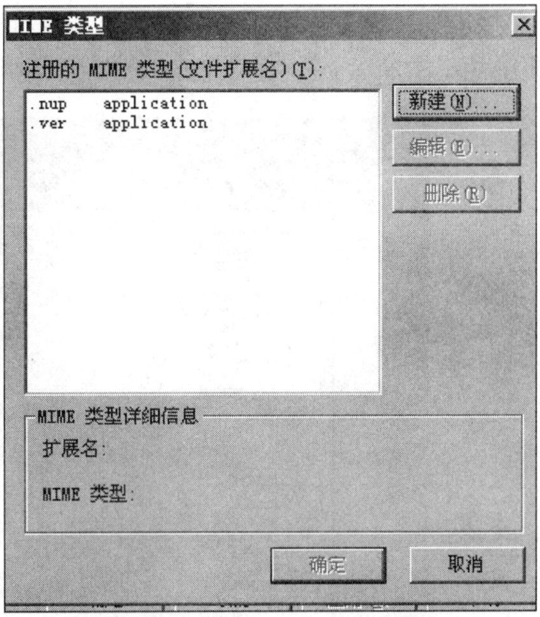

图 4-33　自定义添加 MIME 类型

第 4 步：右键单击虚拟主机"nod update"，选择"停止"，再选择"启动"，激活更改。

步骤 5：在 Windows XP 虚拟机上安装 NOD32 4.0 杀毒软件安装程序，并实现局域网升级

第 1 步：安装 NOD32 4.0 杀毒软件。按照软件向导指示操作，当要求输入激活码时，选择"以后再提示我激活"选项，如图 4-34 所示。

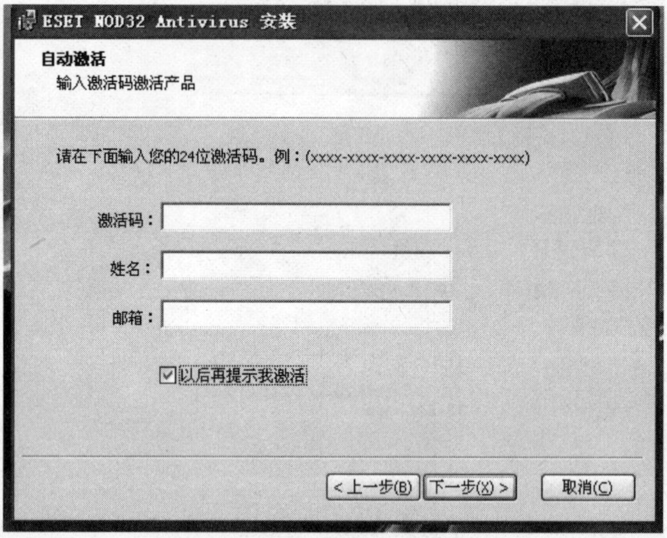

图 4-34　安装测试杀毒软件 NoD32 4.0

第 2 步：配置局域网升级路径。双击桌面右下角的 ESET NOD32 4.0 图标，打开 ESET NOD32 4.0 的主窗口，直接按 F5 键打开"高级设置"对话框，或单击"设置"→"高级设置"。

在如图 4-35 所示的对话框中单击左侧树状菜单中的"更新"，在右侧窗口中单击"编辑"按钮，在弹出的"更新服务器列表"对话框中输入地址 http:// 服务器的 IP，然后单击"添加"→"确定"。

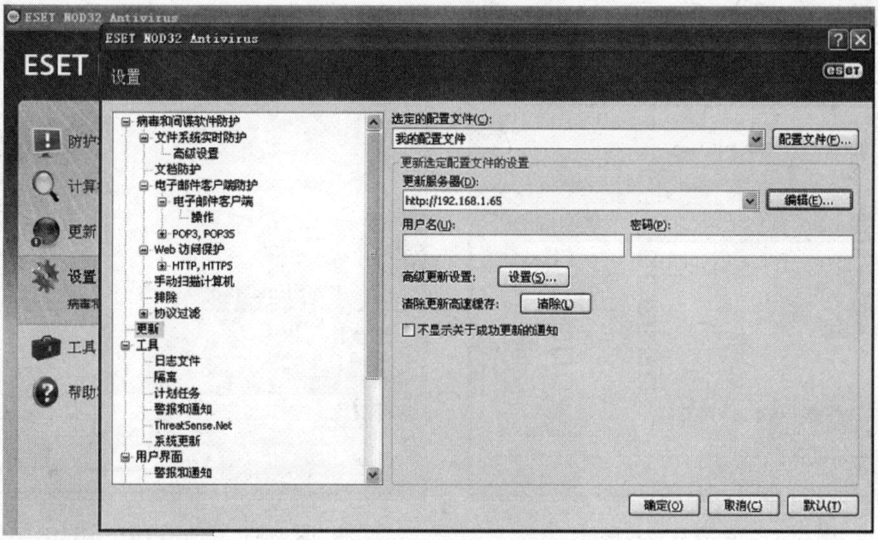

图 4-35　配置 NOD32 的局域网升级路径

第 3 步：测试，结果如图 4-36 所示。

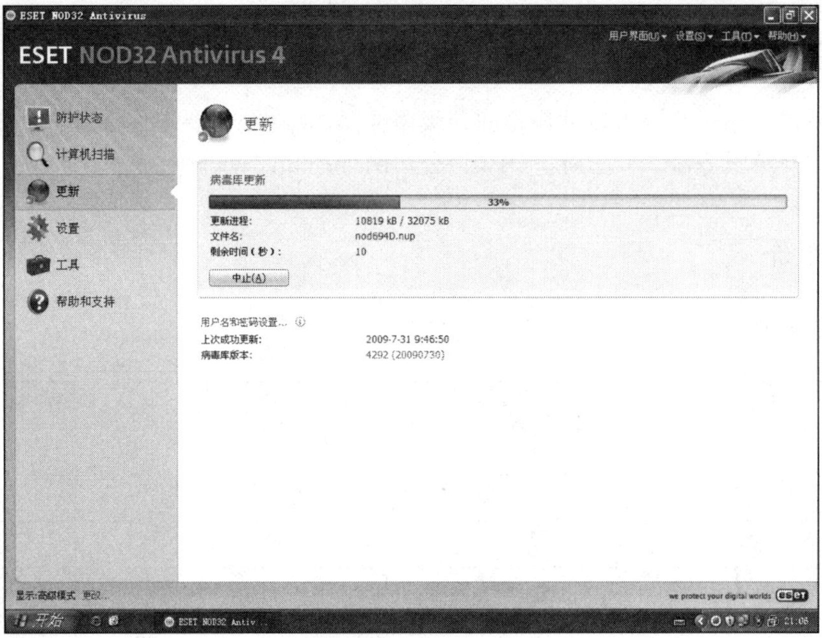

图 4-36　测试效果

知识链接

1．病毒库升级服务器在实际生活中有什么作用？

维护和管理局域网是中小企业网络管理员的主要职责，而木马和病毒则是网络管理的大敌。安装杀毒软件是有效的解决手段，但面对众多计算机，病毒库的升级却是十分令人头疼的事：员工计算机上杀毒软件的在线升级要消耗大量网络带宽；而且一般杀毒软件官方病毒库升级服务器负载比较大，升级时所需要的时间比较长。因此，搭建杀毒软件病毒库局域网升级服务器就非常有必要了。

2．IIS 配置过程中，为什么要自定义添加的 MIME 类型 .nup 和 .ver ？

默认情况下，NOD32 病毒库的升级文件后缀 .nup 和 .ver 是不为 IIS 等 Web 服务器所支持的，所以需要自定义添加 MIME 类型。

.nup 是 NOD32 杀毒软件病毒库的镜像文件扩展名，.ver 是 NOD32 杀毒软件病毒库特征版本的扩展名。更新 NOD32 病毒库时都需要带这两个扩展名的文件，这样病毒库才能更新成功。

3．病毒库局域网升级服务器是如何进行自动更新的？

通常有两种方式实现更新。一种需要一份可供升级的正版 NOD32 软件，以及 NOD32 Update Viewer（一款俄罗斯出品的强大的 NOD32 更新工具）或国内其他 NOD32 病毒库升级服务器组建工具，比较费精力。另外一种是通过编写批处理程序的方式，每天定时下载并解压 NOD32 文件夹中的离线升级包，作为内网用户的升级源。下一个任务就是编写批处理程序，每天定时下载并解压NOD32文件夹中的离线升级包，作为内网用户的升级源。

任务拓展

你已经搭建了第一个杀毒软件病毒库升级服务器，现在公司要求你搭建一个卡巴斯基杀毒软件的病毒库升级服务器。卡巴斯基（中国）公司网址：http://www.kaspersky.com.cn。

任务评价

通过本任务的学习，给自己的学习打个分吧。

评 分 内 容	分　值	自 评 分	教 师 评 分
能进行网络连通	30		
能进行病毒库数据输入及IIS配置	35		
能进行病毒库文件Web发布	15		
能进行客户端安装升级	20		
合计	100		

工作任务2 更新病毒库服务器数据

任务描述

本次任务要求在工作任务1的基础上，无须安装杀毒软件，实现杀毒软件病毒库的智能更新。

任务准备

1. 学生一人一台计算机，计算机内预装Vmware虚拟机软件，虚拟机上预装Windows XP操作系统。

2. 实训教师将实训环境接入Internet，使得虚拟机能够访问Internet。

任务实施

步骤1：在Windows Server 2003的D盘上新建一个“nod病毒库自动升级”文件夹，本任务中的所有文件和文件夹都将在这里面操作，如图4-37所示。

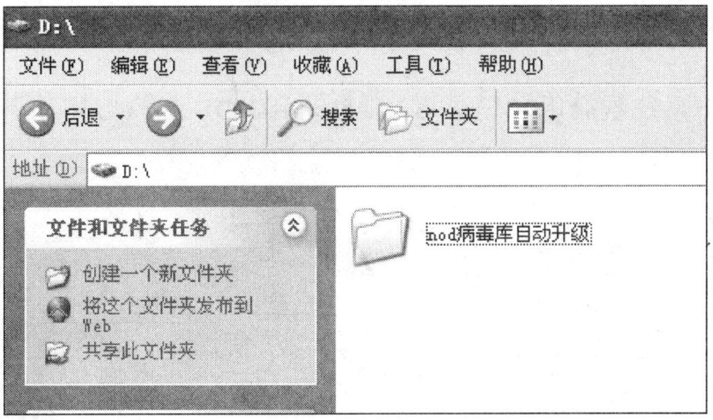

图 4-37　新建“nod 病毒库自动升级”文件夹

步骤 2：在“nod 病毒库自动升级”文件夹中新建如图 4-38 所示的子文件夹和文件。

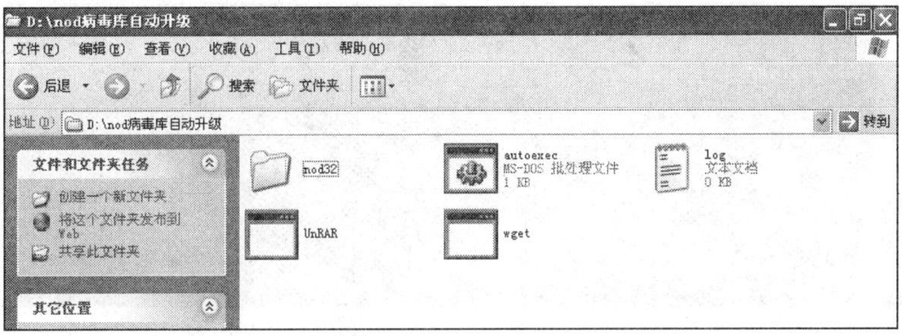

图 4-38　“nod 病毒库自动升级”文件夹结构

其中：autoexec.bat 文件用于开机自动下载病毒库文件；nod32 子文件夹用于存放病毒库文件；wget.exe 是下载病毒库的可执行文件；UnRAR.exe 可以从解压缩软件 WinRAR 安装文件夹中获得，它的用途是将病毒库文件解压（NOD32 病毒库官方下载格式是 .rar 格式）；log.txt 是个日志文件，用来记录下载的病毒库的信息。

步骤 3：编写 autoexec.bat。

批处理命令的内容如图 4-39 所示。调用的全过程大致为：先调用 wget 命令从 NOD32 官方网站的病毒库下载链接（http://down1.eset.com.cn/eset/offline.rar）进行下载，然后将病毒库文件 offline.rar 用 unrar.exe 命令解压到同一级子文件夹“nod32”里。

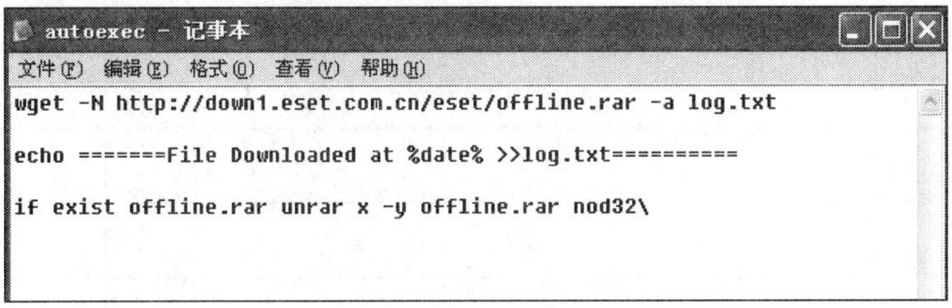

图 4-39　autoexec.bat 的编写

步骤 4：将 autoexec.bat 的快捷方式放在“开始”→“程序”菜单→“启动”选项里，使批处理能开机自动启动。

步骤 5：当操作系统重启用户登录后，会自动到 NOD32 官方网站下载最新病毒库，如图 4-40 所示。

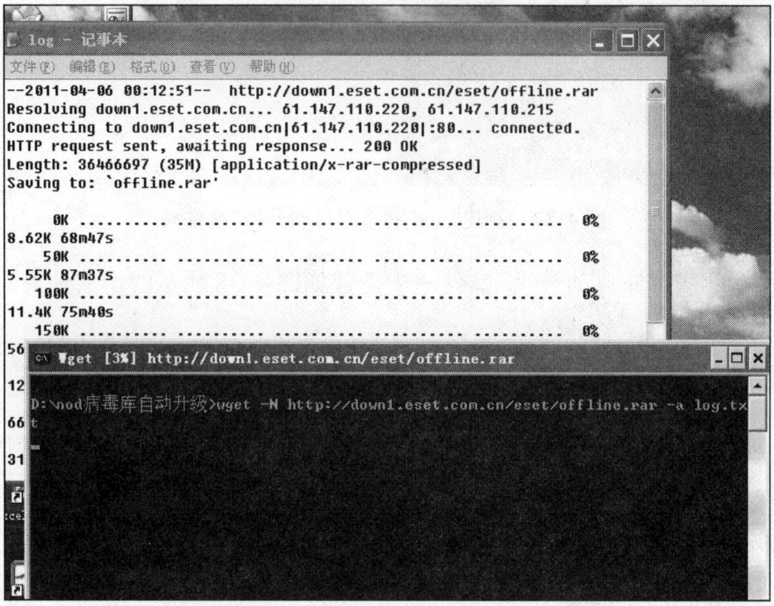

图 4-40 病毒库自动更新效果

任务拓展

请在本模块所学知识的基础上，自己搭建一个可以自动更新的局域网病毒库升级服务器。

任务评价

通过本任务的学习，给自己的学习打个分吧。

评 分 内 容	分　值	自 评 分	教 师 评 分
掌握批处理文件基础知识	40		
能应用 wget 和 unrar 命令	40		
能进行整体调试	20		
合计	100		

模块小结

通过本模块的学习，我们了解了如何搭建杀毒软件病毒库局域网升级服务器，并实现自动更新服务器。我们可以通过以下问题对本模块内容进行回顾并进一步提升：

1．为什么要为虚拟主机 Internet 来宾用户分配允许“读”的权限？

2．配置 IIS 中为什么要自定义添加 .nup、.ver ？

3．模块中用到的各批处理命令的具体命令是什么？

4．使用本任务的方法，运用批处理建立病毒库升级服务器有什么优点？

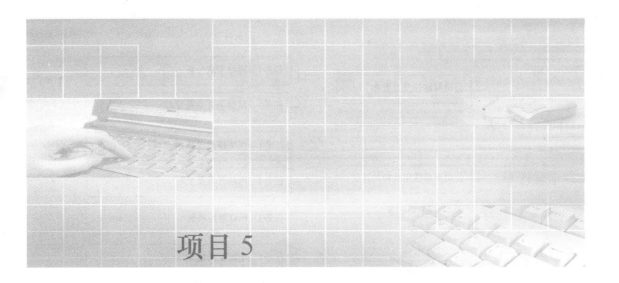

项目 5

综合项目实训

本项目主要从网络专业学生应掌握的网络技能角度出发，针对中职学生的特点，与现实生活中的应用紧密关联，系统化、模块化地设置一个综合的计算机网络实训方案，有机地结合计算机网络专业各门核心课程的实训内容，注重学生动手能力的培养，使学生能够将网络设备的连接，交换机、路由器的调试，网络操作系统的应用，网站建设、发布与维护等知识和技能进行综合运用，以解决现实中的网络问题。

本项目的模块和具体任务如图 5-1 所示。

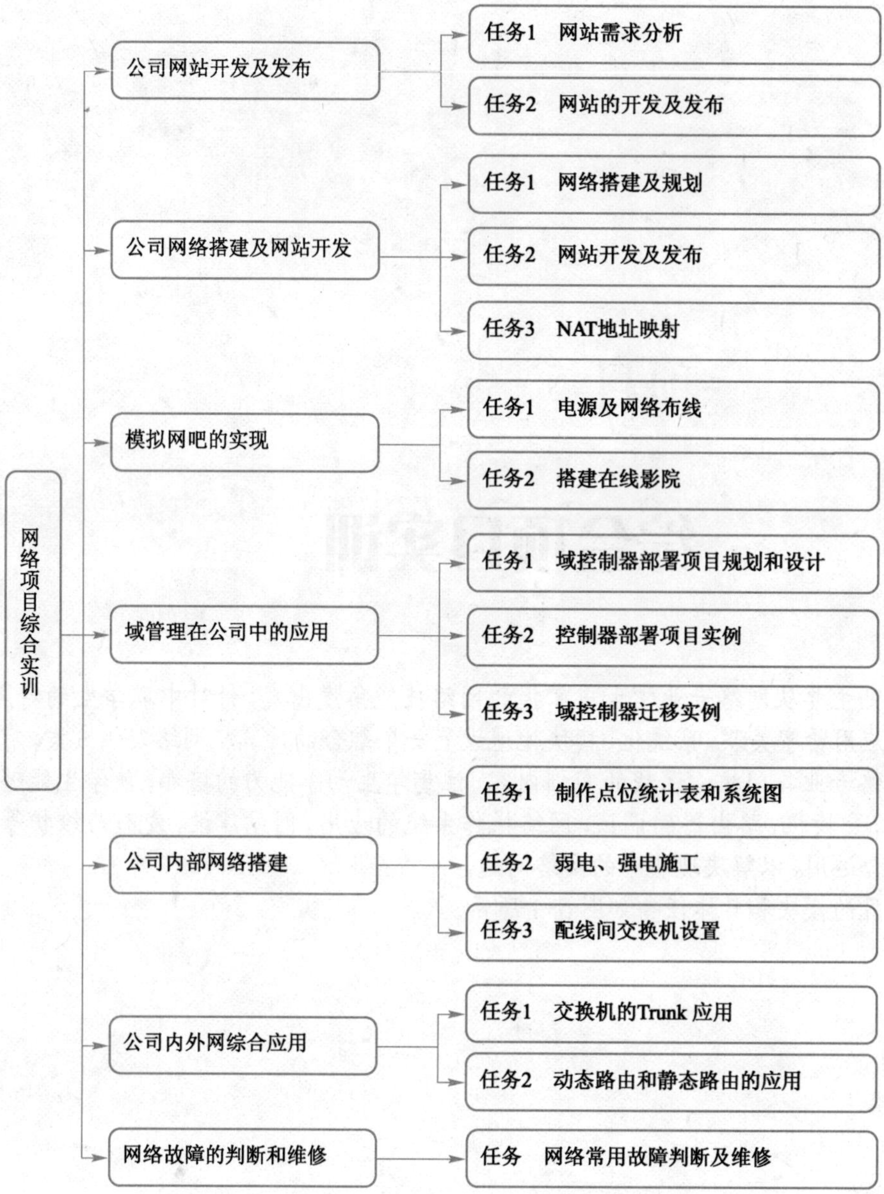

图 5-1 综合项目实训任务分解图

模块 1 公司网站开发及发布

工作任务 1 网站需求分析

任务描述

杭州易秀信息技术有限公司是一个经营服装的电子商务网站，用户到网站注册后，可以根据自己的喜好将各服装分类中的产品加入自己的购物车中。网站管理员可以对用户的订单进行打折、修改等操作。现该公司的网站交由开发小组进行开发，要求能够从购物者的角度出发进行需求分析。

任务准备

每组一台 PC，装有 Office、Dreamweaver、Flash 等网站开发常用软件。

任务实施

步骤 1：项目说明。

本项目实现的是一个综合性的网上购物平台，目的是给爱好网上购物的消费者提供一个可进行查询、浏览、预订和购买商品的平台。

本项目由三人组成开发小组合作完成。

步骤 2：系统分析。

第 1 步：需求分析。

通过对当当网、淘宝网等知名 C2C 网上购物平台的调查研究，确定该系统应具有的功能，如用户登录 / 注册、商品信息模块、商品评论模块等。

第 2 步：可行性分析。

从经济性和技术性两个方面对网站进行可行性分析。

1. 经济性分析

经济可行性分析主要是对网站外发项目的成本与效益作出评估，即分析网站建设所带来的经济效益是否超过开发和维护网站所需要的费用。

（1）网站功用。网站费用一般包括：设备费、开发费、运行费、维护费、培训费等。其中的运行费还包括网站或服务器与 Internet 的接入费等。

（2）网站收益。网站的收益有直接收益和间接收益两个方面。直接收益的网站一般指有服务的网站，通过运行后逐步产生效益。间接收益一般包括网站的建设和运行带来的企业工作效率的提高、企业管理水平的提升、节省的人力资源和减轻业务人员的工作负担，及时给领导者提供决策支持信息和提高企业综合素质，以及网站为企业树立新的形象等社会效益。

2．技术性分析

网站后台实现了对前台的管理功能。通过“商品信息管理模块”，能不断对商品的各方面信息进行更新，满足了客户第一时间掌握商品动态的要求。通过“订单信息管理模块”和“总订单管理模块”对客户的订单进行管理，更科学、更合理安排客户的收货时间，并使大客户可以享受到打折的优惠。通过“留言信息管理模块”使客服能及时和客户进行联系。

步骤 3：总体设计。

第 1 步：项目规划，包括网站前台规划、网站后台管理区规划。

第 2 步：结构图设计，包括前台展示区结构图和后台管理区结构图设计，分别如图 5-2 和图 5-3 所示。

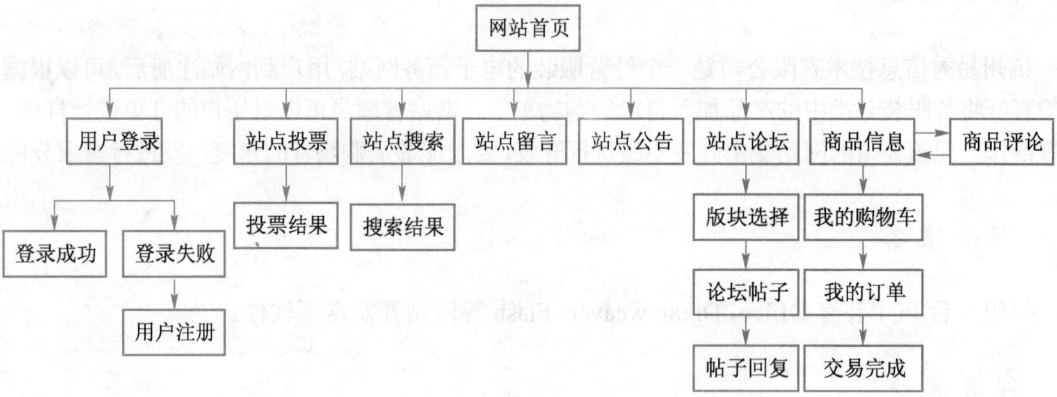

图 5-2 网站前台结构图

步骤 4：数据库设计。

根据系统分析确定系统所需数据表、表之间的联系、每张表的字段等。如用户信息表包含字段 yh（用户名）、mm（密码）、sex（性别）、n（年份）、y（月份）、r（日期）、wh（文化）、email（电子邮件）、qx（权限），如表 5-1 所示。

表 5-1 用户信息表

字段名称	数据类型	说明
yh	文本	用户名
mm	文本	密码
sex	文本	性别
n	文本	年份
y	文本	月份
r	文本	日期
wh	文本	文化
email	文本	电子邮件
qx	文本	权限

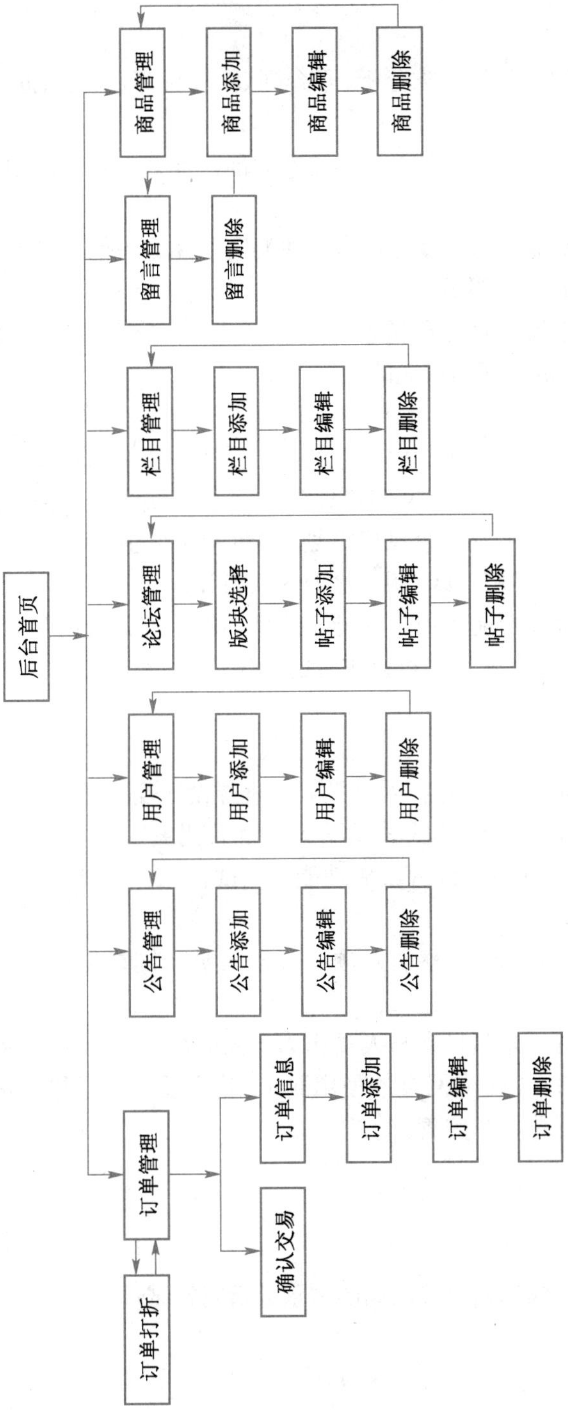
后台首页
商品管理
商品添加
商品编辑
商品删除
留言管理
留言删除
栏目管理
栏目添加
栏目编辑
栏目删除
论坛管理
版块选择
帖子添加
帖子编辑
帖子删除
用户管理
用户添加
用户编辑
用户删除
公告管理
公告添加
公告编辑
公告删除
订单管理
订单信息
订单添加
订单编辑
订单删除
确认交易
订单打折

图 5-3　网站后台结构图

知识链接

最基本的网站开发流程包括需求分析、平台规划、项目开发、测试验收几个阶段。

1．需求分析

目标定位：做这个网站干什么？网站的主要职能是什么？网站的用户对象是谁？他们用网站做什么？

用户分析：网站主要用户的特点是什么？他们需要什么？他们厌恶什么？如何针对他们的特点引导他们？如何做好用户服务？

市场前景：网站的市场结合点在哪里？网站如同一个企业，它首先也需要能生存。这是前提，否则任何惊天动地的目标都是虚无的。

2．平台规划

内容策划：这个网站要包含哪些内容？其中分重点、主要和辅助性内容在网站中具有各自的体现形式。内容划分以后，就进行文字策划（取名），把每个内容包装成栏目。

界面策划：结合网站的主题进行风格策划，如色彩包括主色、辅色、突出色，版式设计包括全局、导航、核心区、内容区、广告区、版权区及板块设计。

网站功能：主要是管理功能和用户功能。管理功能是通常说的后台管理，关键是做到管理方便、智能化。而用户功能就是用户可以进行的操作，这涉及交互设计，它是人和网站交互的接口，非常重要。

3．项目开发

界面设计：根据界面策划的原则，对网站界面进行设计及完善。

程序设计：根据网站功能规划进行数据库设计和代码编写。

系统整合：将程序与界面结合，并实施功能性调试。

4．测试验收

项目人员测试：项目经理、监察员及项目开发人员一同根据前期规划对项目进行测试和检验。

非项目人员测试：邀请非项目参与人员作为不同的用户角色对平台进行使用性测试。

公开测试：网站开通，并接受网友的使用测试，建立反馈信息平台，收集意见和建议信息，针对平台存在的不足进行总结和完善。

任务拓展

你们开发小组可以完成你们学校网站的需求分析吗？试试看。

任务评价

通过本任务的学习，给自己的学习打个分吧。

评分内容	分值	自评分	小组评分
能进行完整的项目说明	15		
能进行需求分析	25		
能进行可行性分析	30		
能对系统进行数据库设计	30		
合计	100		

工作任务 2　网站的开发及发布

任务描述

根据开发小组对杭州易秀信息技术有限公司的网站需求分析，进行该公司网站的开发、测试；利用互联网申请该公司的域名 http://www.eshop.com；申请该公司的网站空间并将开发好的站点上传到空间上，实现能在互联网上通过 http://www.eshop.com 域名进行访问。

任务准备

1. 每组一台 PC，装有 Office、Dreamweaver、Flash 等网站开发常用软件。
2. 每个学生的计算机均可以上网。

任务实施

步骤 1：网站定制开发。

第 1 步：选取电子商务网站开发平台。

网站开发有两种方式：一种是先准备图片、动画等素材，再制作主页，然后编写源代码，从零开始开发；另一种是使用互联网上提供的一些网站开发平台进行定制、修改界面、完善功能等。第一种方式开发周期长，工作量大，而第二种方式较易上手，本任务中选择后者。“网上购物网站管理系统”是一个用 ASP 语言开发的网上购物商城平台，可以用它来定制电子商务网站，本任务就选择该平台来进行杭州易秀公司网站开发。

软件名称：网上商城购物网站管理系统正式服装版

下载地址：http://www.wygk.cn/dow/shopfz.rar

后台管理：admin/default.asp

账户 / 密码：admin/admin

第 2 步：搭建网站开发环境。

（1）插入 Windows XP 安装光盘，打开“控制面板”，然后打开其中的“添加 / 删除程序”。

（2）在“添加或删除程序”窗口左边单击“添加 / 删除 Windows 组件”。

（3）稍候片刻，系统会启动 Windows 组件向导，选择“Internet 信息服务（IIS）”，单击“下一步”。

（4）系统安装成功，会自动在系统盘新建网站目录，默认目录为 C:\Inetpub\wwwroot。

（5）打开“控制面板”，选择“性能和维护”→“管理工具”→“Internet 信息服务”。

（6）右击“默认网站”，选择“属性”。

（7）设置主目录：默认目录为 C:\Inetpub\wwwroot，设置网站默认首页，推荐删除 iisstart.asp，添加 index.asp 和 index.htm。

（8）把 shopfz.rar 解压之后的文件复制到 C:\Inetpub\wwwroot\shop 下。

（9）测试商城。输入以下地址之一进行访问：

- http://localhost/shop/
- http://127.0.0.1/shop/
- http:// 计算机名 /shop/
- http:// 本机 IP 地址 /shop/

第 3 步：增加网站商品类别。

（1）打开网站后台 http://localhost/admin/default.asp，输入用户名 admin，密码 admin，进入管理页面，如图 5-4 所示。

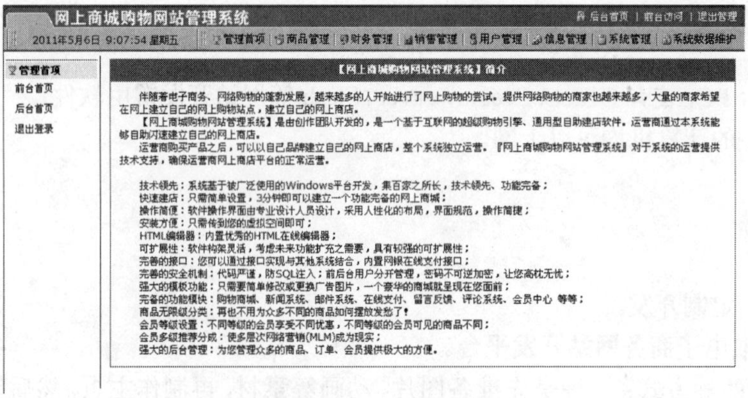

图 5-4 商城管理界面

（2）选择“商品管理”，在左侧的导航中选择相应选项，进行商品管理的相关操作，具体界面如图 5-5 所示。

第 4 步：修改网站外观。

（1）修改网站 Logo 图片

利用 Photoshop 或 Fireworks 等图像处理软件制作 Logo 图片，如图 5-6 所示。

（2）修改网站版权信息

在后台管理中选择“系统管理”，输入公司地址、网站版权相关信息，如图 5-7 所示。

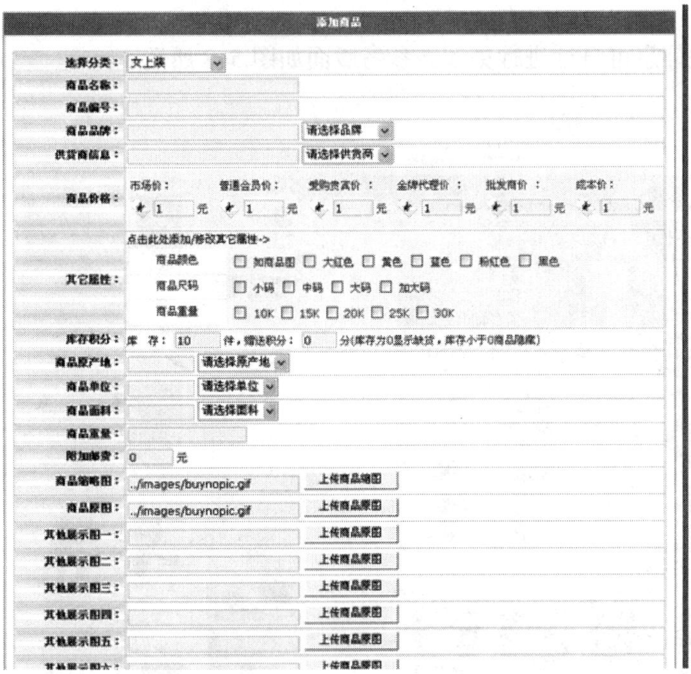

图 5-5　商品管理页面

图 5-6　网站 Logo

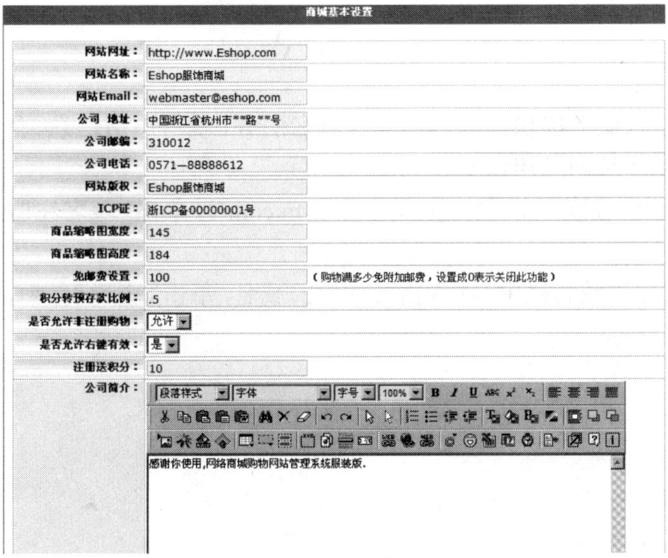

图 5-7　系统管理界面

（3）其他相关信息可自行进行更改。参考版面如图 5-8 所示。

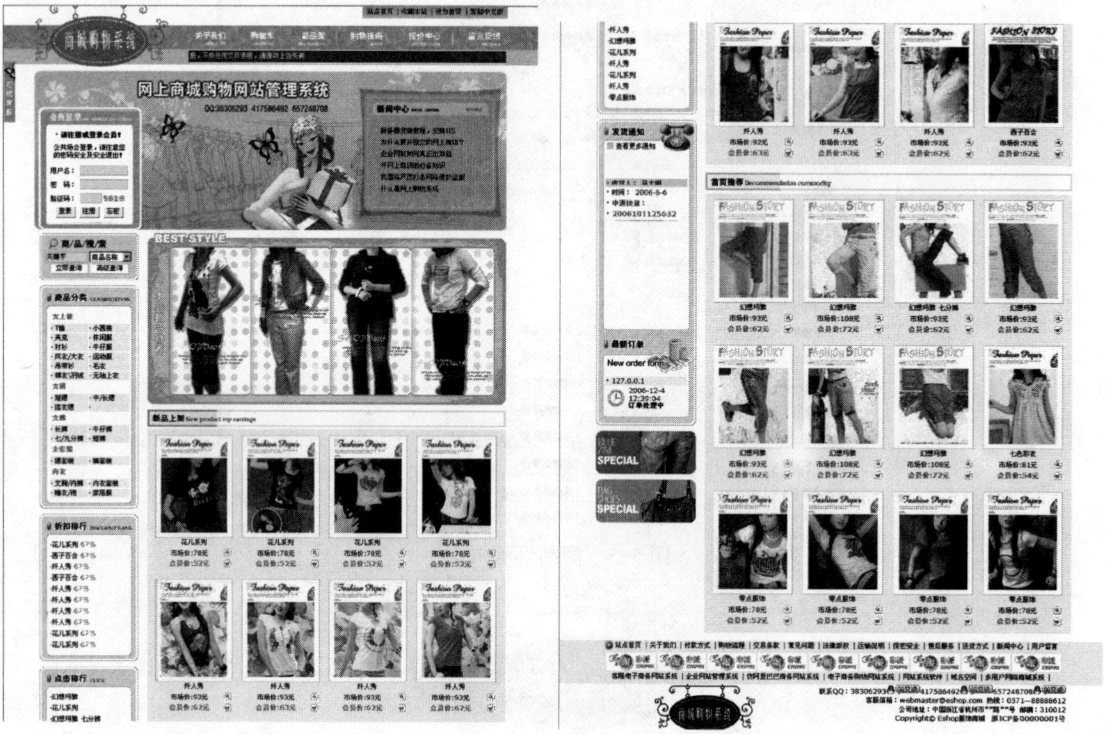

（a）　　　　　　　　　　　　　　　　（b）

图 5-8　参考版面

步骤 2：申请域名。

申请域名包含进入服务提供商的网站选择域名服务、填写申请信息、付费开通等过程。下面在“五洲互联”域名申请网站申请域名。

第 1 步：进入“五洲互联”首页（http://www.58ym.com/），单击“域名注册”按钮，进入域名注册页面，如图 5-9 所示。

第 2 步：在英文顶级域名栏中，输入需要注册的域名，单击“查询”按钮，出现域名注册查询结果，如图 5-10 所示。

图 5-9 “五洲互联”网站“域名注册”页面

图 5-10 域名查询页面

第 3 步：选择合适的类型，然后单击“注册”按钮，弹出注册页面，如图 5-11 所示。

第 4 步：输入完整的注册信息，然后单击“确认注册”按钮，进入域名购买页面。

步骤 3：申请网站空间并上传发布。

第 1 步：单击“五洲互联”网站首页的“虚拟主机”按钮，进入“虚拟主机”页面。

第 2 步：选择“标准虚拟主机”类型，单击“详细信息”按钮，弹出所选择申请空间的服务说明列表，如图 5-12 所示。

第 3 步：单击“马上开通”按钮，弹出申请信息设置界面。

第 4 步：按照提示依次填写注册信息。单击“立即申请”按钮，进入付费界面。按照所申请的服务费用付费后，在一段时间内所申请的网站空间就会生效。

第5步：申请生效后，会得到一个FTP的用户名和密码，利用该用户名和密码，将所开发好的网站上传至空间。

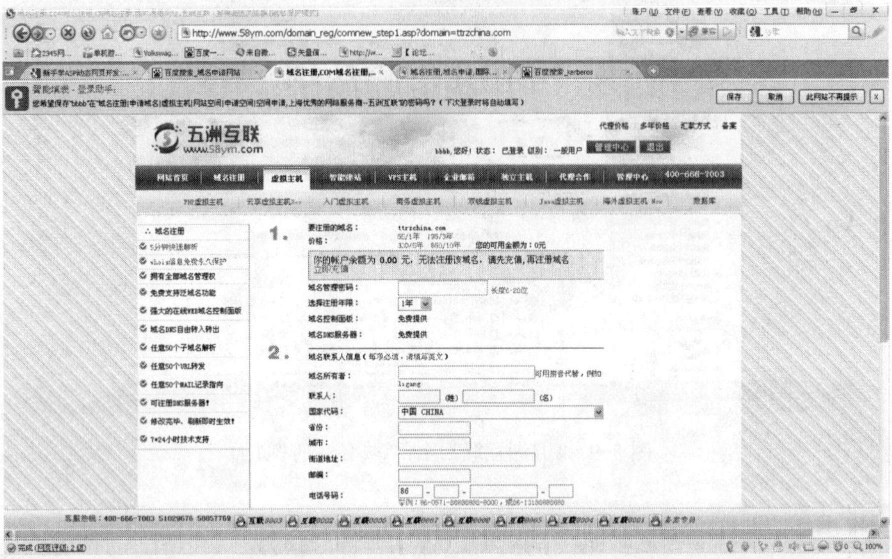

图5-11 域名注册页面

图5-12 虚拟主机服务列表

知识链接

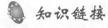

一个完整的域名由两个或两个以上部分组成，最后一个“.”的右边部分称为顶级域名，也称为一级域名。最后一个“.”的左边部分称为二级域名，二级域名的左边部分称为三级域名，以此类推，每一级的域名控制它下一级域名的分配。

1．顶级域名

一个域名由两个以上的词段构成，最右边的就是顶级域名。目前，国际上出现的顶级域名包括 .com、.net、.org、.gov、.edu、.mil、.cc、.to、.tv，以及国家和地区的代码，其中最通用的是 .com、.net、.org。

- .com：适用于商业实体，是最流行的顶级域名。
- .net：最初用于网络机构，如 Internet 接入服务提供商 ISP。
- .org：用于各类住址机构，包括非营利性团体。

2．二级域名

最后一个“.”左边的部分就是所谓的二级域名。例如在 baidu.com 中，“baidu”就是顶级域名 .com 下的二级域名。而在 zhidao.baidu.com 中，zhidao 是主机名或子域名。

任务拓展

1．申请一个免费的域名和一个免费的空间。
2．上网下载一个优秀的网站开发平台，例如动易、joomla 等。
3．用下载的网站开发平台开发一个自己的个人网站。
4．将个人网站上传到免费空间中，进行测试。

任务评价

通过本任务的学习，给自己的学习打个分吧。

评分内容	分　值	自评分	小组评分
能获取网站的制作平台	30		
能对网站制作平台进行修改和再次开发	40		
能利用网络申请域名	15		
能申请空间并发布网站	15		
合计	100		

模块小结

通过本模块的学习，我们了解了对网站如何进行需求分析，如何根据需求分析来制作网站，制件完毕后如何进行网站的发布。我们可以通过以下问题对本模块内容进行回顾并进一步提升：

1．网站需求包含哪几个方面？
2．开发网站有哪两种常用的方式？
3．一般是怎样获取域名和网站空间的？
4．如何将开发好的网站发布？

模块2 公司网络搭建及网站开发

工作任务1 网络搭建及规划

任务描述

杭州天易贸易有限责任公司为了更好地发展，提高企业运作效率和管理水平，降低企业运营成本，特改造单位企业网，实现对公司的网络化管理；同时为了加强网上贸易，需要开发一个网上商城的贸易网站。

该公司希望开发小组能够帮助他们建立一个企业内部网，该公司从电信公司获得的公网IP是61.153.4.225。公司现有财政部、销售部、开发部、管理部4个部门，共20台计算机，要求每台计算机都能够上网，同时将61.153.4.225作为该公司的Web服务器和FTP服务器。公司的网络管理员应能不受限制地对公司的网络连通性进行管理。为保证公司网络的安全，企业内部网中的用户只能访问本公司的网站和FTP服务，其他权限受限。

任务准备

1. 每组三台PC，装有Office、Dreamweaver、Flash等网站开发常用软件。
2. 三层交换机Cisco 3560一台。
3. 路由器Cisco 2811一台。
4. Windows Server 2003一台，网络设备配置线缆，网线若干。

任务实施

步骤1：网络规划。

第一步：网络设计需求分析。

（1）公司现有财政部、销售部、开发部、管理部4个部门，为了以后更好地扩容，将整个公司划分成4个不同的子网，各子网之间进行相互阻隔。

（2）公司从电信公司获得的公网IP是61.153.4.225，因此可以确定公司网络的出口地址为61.153.4.225。

（3）公司的网络管理员要不受限制地对公司的网络连通性进行管理，所以要对公司的核心设备配置 Telnet 登录。

（4）要使企业内部网中的用户只能访问本公司的网站和 FTP 服务，所以必须在出口的路由器上设置 NAT 地址映射。

第 2 步：网络设备选型。

（1）考虑公司的最低成本和上述分析，确定公司的基本网络设备，核心交换机选择 Cisco 3560 24PS，出口路由器选择 Cisco 2811。

（2）为了以后更好地扩容，同时增强网络的安全性，在不考虑开发成本的基础上可增加 4～5 台二层交换机，并安装防火墙。

步骤 2：网络搭建。

网络拓扑结构如图 5-13 所示，IP 地址规划表如表 5-2 所示，端口对照表如表 5-3 所示。

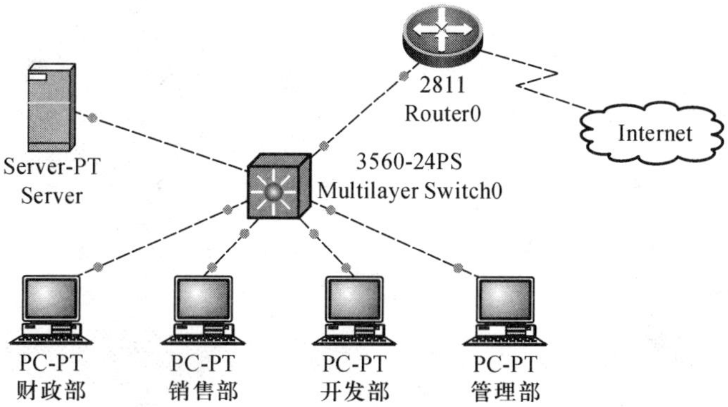

图 5-13　网络拓扑结构图

表 5-2　IP 地址规划表

部　门	IP 地址	网　关
财政部	192.168.10.1～192.168.10.253	192.168.10.254
销售部	192.168.20.1～192.168.20.253	192.168.20.254
开发部	192.168.30.1～192.168.30.253	192.168.30.254
管理部	192.168.40.1～192.168.40.253	192.168.40.254
服务器	192.168.50.1	192.168.50.254

表 5-3　端口对照表

序　号	设备名称	端口号	所属部门	IP 地址	对应目标
1	Cisco 3560	Fa0/1	财政部	192.168.10.254	VLAN10
2	Cisco 3560	Fa0/6	销售部	192.168.20.254	VLAN20
3	Cisco 3560	Fa0/11	开发部	192.168.30.254	VLAN30
4	Cisco 3560	Fa0/16	管理部	192.168.40.254	VLAN40

续表

序 号	设备名称	端口号	所属部门	IP 地址	对应目标
5	Cisco 3560	Fa0/21	服务器	192.168.50.254	VLAN50
6	Cisco 3560	Fa0/24	级联	192.168.60.254	VLAN60
7	Cisco 2811	Fa0/0	级联	192.168.60.253	级联交换机
8	Cisco 2811	S0/0	互连	61.153.4.225	互联网

知识链接

网络规划与搭建大致包括如下步骤：

① 网络设计需求分析；
② 总体方案设计策略制定；
③ 网络结构示意图绘制；
④ 网络设备选型；
⑤ 主干网络技术选型；
⑥ 路由交换技术部分设计；
⑦ 网络安全设计；
⑧ 网络测试。

任务拓展

1．根据以往所学习的知识进行网络设备的调试。
2．在不考虑成本的情况下，请规划和搭建该公司的网络。

任务评价

通过本任务的学习，给自己的学习打个分吧。

评分内容	分 值	自评分	小组评分
能对不同网络进行网络设计需求分析	25		
能对不同网络进行网络设备选型	20		
能对不同网络进行网络拓扑结构规划	25		
能独立建立 IP 地址规划表	15		
能独立建立端口对照表	15		
合计	100		

工作任务2　网站开发及发布

任务描述

杭州天易贸易有限责任公司为了加强网上贸易，需要一个网上商城贸易网站。网站要能够展示商品的详细信息、图片、分类等相关信息。具有“在线购物车功能系统”，提供在线购物功能，能够满足客户通过网络进行购物的需求。具有“留言模块”、“论坛系统”和“商品评论模块”，使客户能在线留言、发帖和评论，对本站提出建设性意见和建议。

任务准备

1．每组三台 PC，装有 Office、Dreamweaver、Flash 等常用软件。

2．Windows Server 2003 一台，发布站点。

任务实施

步骤1：网站需求分析。

略，请开发小组自行进行需求分析。

步骤2：网站开发。

略，请开发小组自行开发。

步骤3：网站发布。

第1步：安装IIS。

（1）在“控制面板”中选择“添加/删除程序”，进入“添加或删除程序”窗口，如图5-14所示。

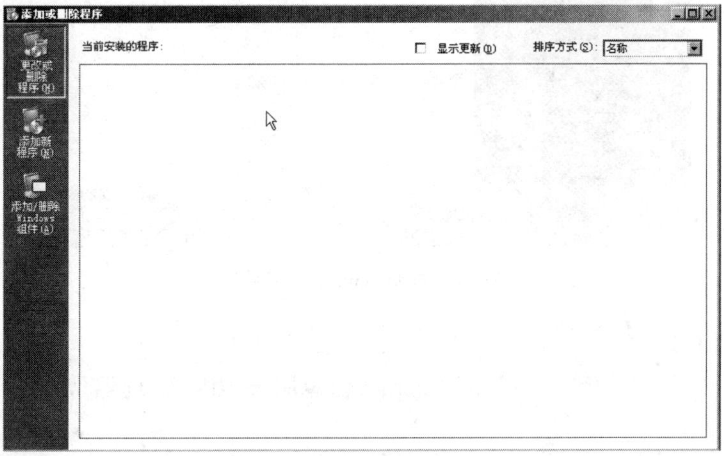

图5-14　添加或删除程序

（2）单击“添加 / 删除 Windows 组件”，勾选“应用程序服务器”选项，如图 5-15 所示。

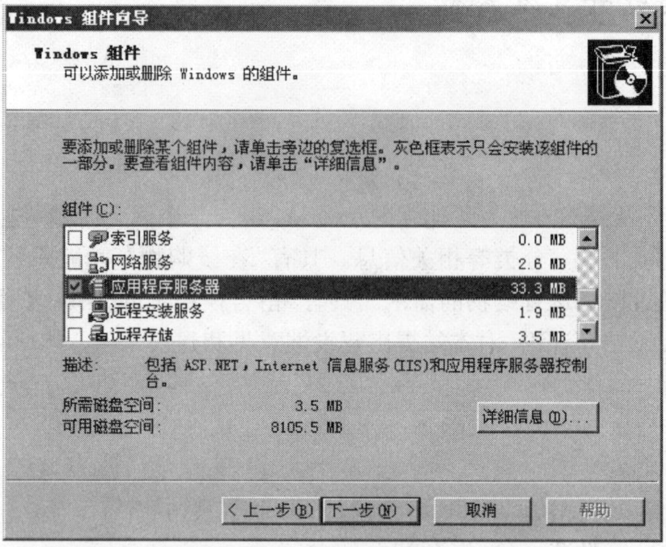

图 5-15 选择“应用程序服务器”

（3）单击“下一步”按钮完成安装，如图 5-16 所示。

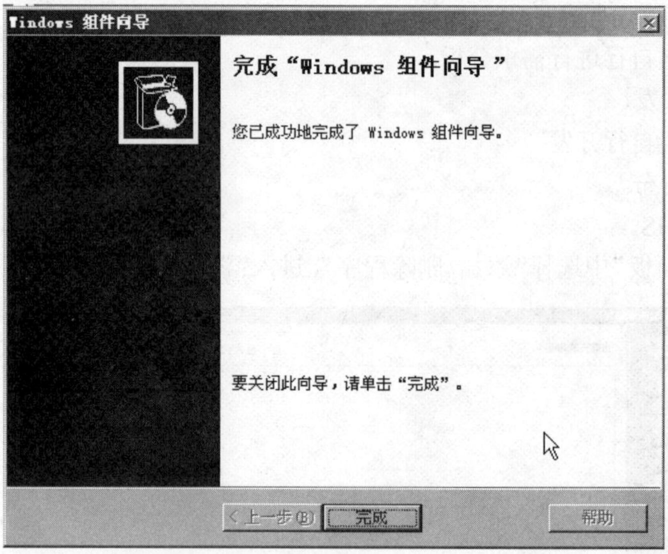

图 5-16 添加 Windows 组件完成

第 2 步：配置 IIS。

（1）单击“开始”→“管理工具”→“Internet 信息服务（IIS）管理器”，打开 IIS 配置界面，如图 5-17 所示。

（2）右击“默认网站”，选择“属性”，设置默认网站 IP 地址，如图 5-18 所示。

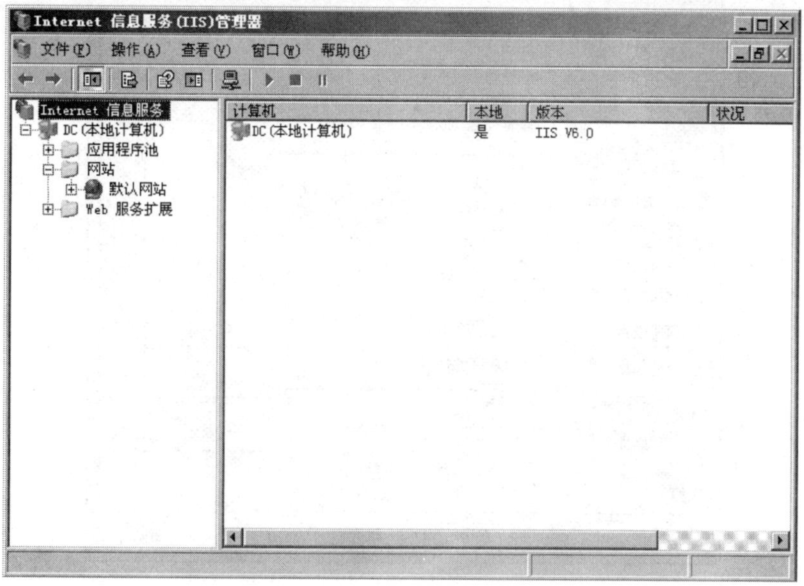

图 5-17　IIS 配置界面

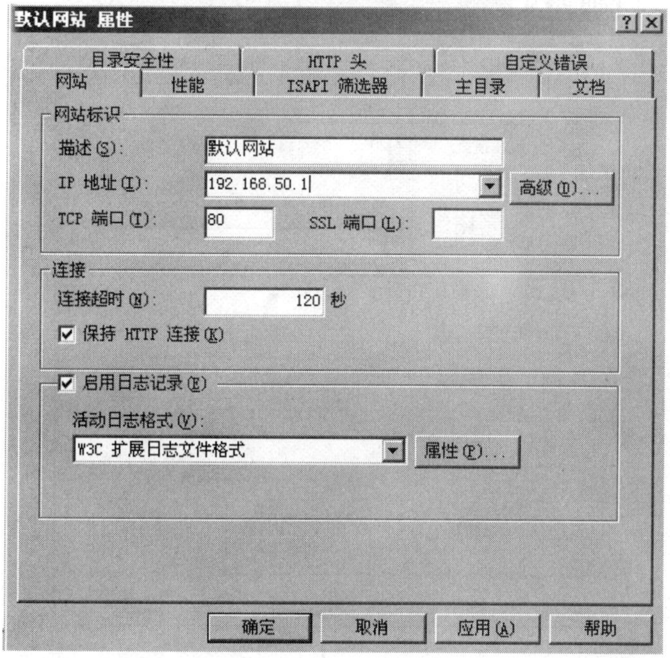

图 5-18　设置默认网站地址

（3）单击“主目录”选项卡，设置本地路径及权限，如图 5-19 所示。

（4）在“文档”选项卡中添加“index.asp”，设置默认主页。

（5）在“主目录”选项卡中单击“配置”→“选项”，勾选“启用父路径”，如图 5-20 所示。

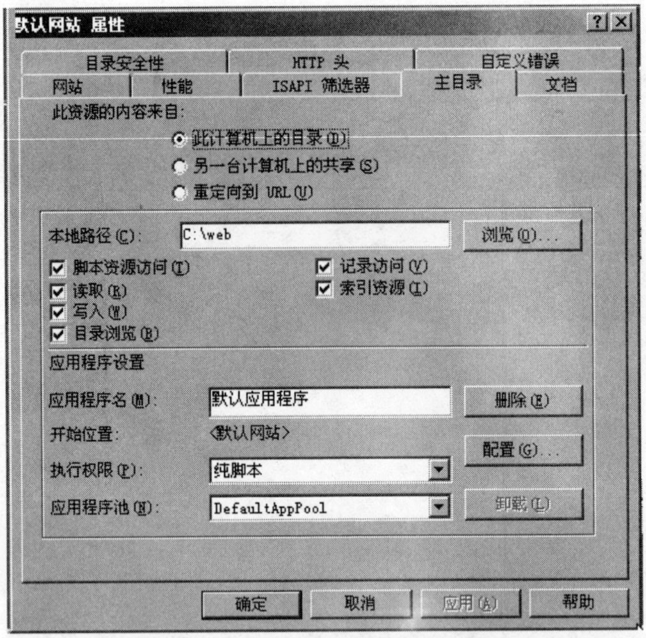

图 5-19 本地路径及权限

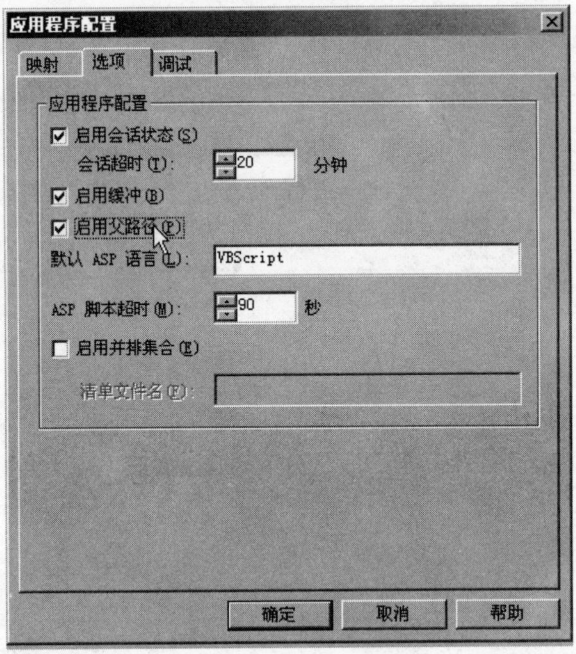

图 5-20 启用父路径

第 3 步：支持 ASP 网页以及数据库链接。

在 IIS 配置界面左侧控制台中单击“Web 服务扩展”，在右侧窗格中将“Active Server Pages”状况改为“允许”，将“Internet 数据连接器”状况改为“允许”，如图 5-21 所示。

第 4 步：设置网站浏览权限。

（1）在左侧控制台中右击“默认网站”，选择“权限”，如图 5-22 所示。

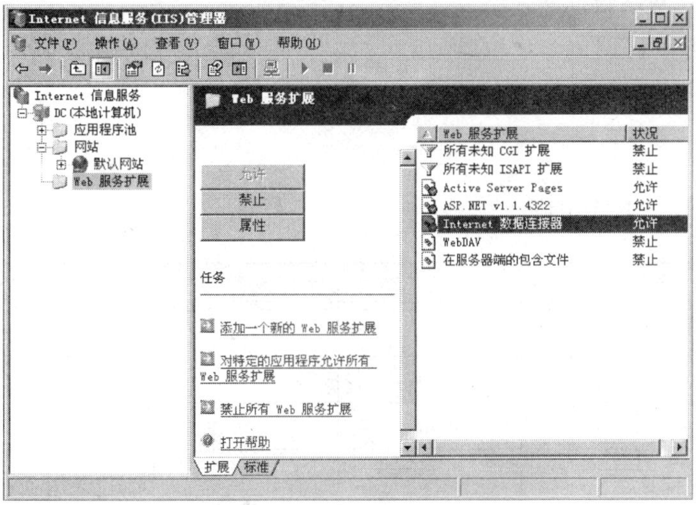

图 5-21　Web 服务扩展

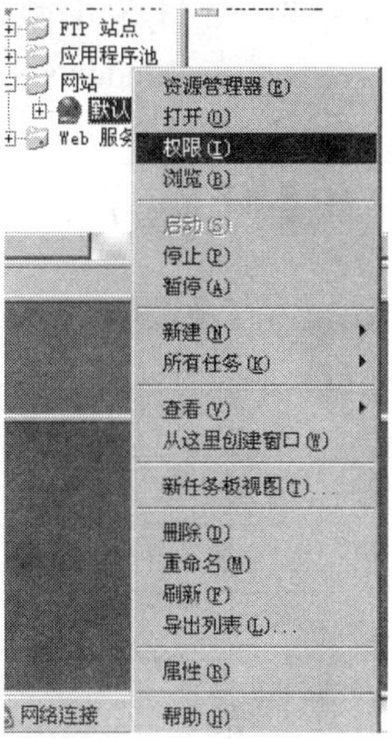

图 5-22　选择“权限”

（2）添加 Everyone 用户，并将其权限设为完全控制，如图 5-23 所示。

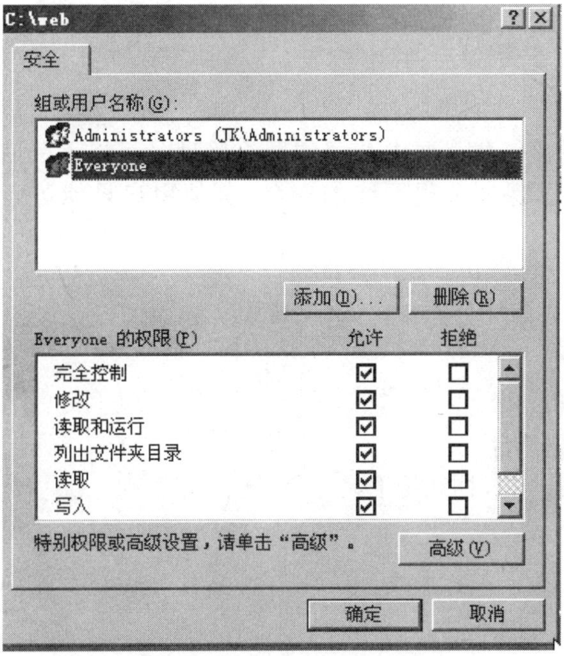

图 5-23　添加 Everyone 用户

任务拓展

1．尝试用 MySQL 数据库建立网站数据库。

2．尝试在 Windows Server 2003 中发布 2 ～ 3 个站点。

任务评价

通过本任务的学习，给自己的学习打个分吧。

评分内容	分值	自评分	小组评分
能对网站进行需求分析	20		
能进行网站数据库的建立和连接	20		
能进行网站开发	40		
能进行网站发布	20		
合计	100		

工作任务 3 NAT 地址映射

任务描述

杭州天易贸易有限责任公司要求公司的网络管理员可以不受时空限制地对公司的网络进行管理。同时，为了保证公司网络的安全，其他用户只能访问本公司的网站和 FTP 服务。

任务准备

1．Cisco 3560 交换机一台。

2．Cisco 2811 路由器一台。

3．Cisco 设备配置线一根，网线若干。

4．供测试用的 PC 5 台。

任务实施

步骤 1：正确连接网络线缆和设备。

利用所给设备和线缆完成如图 5-24 所示的连接。

步骤 2：设置端口、IP 地址及路由。

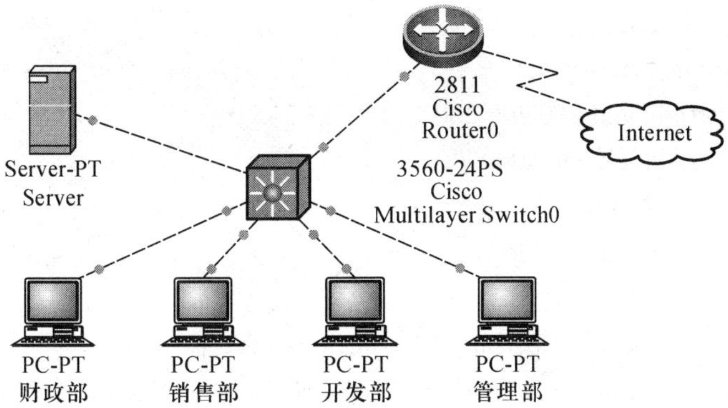

图 5-24　拓扑结构图

端口和 IP 地址的设置参照表 5-3。

在 Cisco 3560 上设置路由如下：

Ip route 0.0.0.0 0.0.0.0 192.168.60.253

步骤 3：配置 NAT 映射。

NAT 配置如下（一般把这种 NAT 转换叫做 PAT）：

RT-2811(config)#int f0/0// 进入端口 F0/0

RT -2811(config-if)#ip nat inside// 将此接口定义为内部接口

RT -2811(config-if)#int ser 0/0// 进入端口 ser 0/0

RT -2811(config-if)#ip nat outside// 将此接口定义为外部接口

RT -2811(config-if)#exit// 退出

RT -2811(config)#access-list 1 permit 192.168.0.0 0.0.255.255

// 创建一个访问控制列表，允许 192.168.0.0 的网络访问

RT -2811(config)#ip nat inside source list 1 interface ser 0/0 overload

// 将访问控制列表 1 绑定到 s0/0/0 实施端口复用

RT-2811(config)# ip nat inside source static tcp 192.168.50.1 80 61.153.4.225 80

// 将内部服务器 192.168.50.1 的网站映射成 61.153.4.225 的全局地址

知识链接

假设公网 IP 地址是 200.200.200.1 ～ 200.200.200.4，内网 IP 地址是 192.168.1.x，需如下配置地址池 NAT：

BJR-2811>en

BJR-2811#conf t

BJR-2811(config)#int f0/0

BJR-2811(config-if)#ip add 192.168.1.1 255.255.255.0

BJR-2811(config-if)#no shut

BJR-2811(config-if)#ip nat inside

```
BJR-2811(config-if)#exit
BJR-2811(config)#int ser 0/0/0
BJR-2811(config-if)#ip add 200.200.200.1 255.255.255.0
BJR-2811(config-if)#clock rate 4000000
BJR-2811(config-if)#no shut
BJR-2811(config-if)#ip nat outside
BJR-2811(config-if)#exit
BJR-2811(config)#access-list 1 permit 192.168.1.0 0.0.0.255
BJR-2811(config)#ip nat pool hxl 200.200.200.1 200.200.200.4 netmask 255.255.255.0
//创建一个名为hxl的地址池，开始IP为200.200.200.1，结束IP为200.200.200.4，掩码24位
BJR-2811(config)#ip nat inside source list 1 pool hxl overload
```

任务拓展

1．开发小组合作完成路由器 Cisco 2811 端口 acl 的配置。
2．完成整个网络的测试工作。
3．尝试实现域名的地址映射。

任务评价

通过本任务的学习，给自己的学习打个分吧。

评分内容	分值	自评分	小组评分
能将不同设备进行正确互连	30		
能正确配置网络并保证连通性	30		
能正确进行 NAT 配置	40		
合计	100		

模块小结

通过本模块的学习，我们了解了对不同的网络如何进行需求分析，根据需求分析来进行设备选型，画出拓扑结构进行 IP 地址和端口规划，同时自主开发网站并发布，最后能够保证网络的连通和配置 NAT。我们可以通过以下问题对本模块内容进行回顾并进一步提升：

1．我们是如何对网络进行规划的？
2．如何根据网络规划和分析制订 IP 地址和端口对照表？
3．如何建立网站数据库及连接？
4．网络中 NAT 映射配置是如何实现的？

模块 3 模拟网吧的实现

工作任务 1 电源及网络布线

任务描述

朋友小周的家里打算开一家网吧，目前已购入计算机 50 台，服务器 2 台、二层交换机 4 台、三层交换机 13 台、路由器 1 台、空调若干台，电信千兆光纤接入，整个网吧具有可以同时容纳 80 台计算机的空间，小周想请你帮忙进行网吧的综合布线设计。

任务准备

1. 网线制作钳 2 把。
2. 一字、十字螺丝刀各 2 把。
3. 线缆测试仪 1 台。

任务实施

步骤 1：网吧电源系统综合布线设计。

需注意如下原则：

（1）用电功率统计：计算机功率统计、空调功率统计、照明功率统计。

计算机功率 250 ～ 300 W，柜式空调功率 3 500 ～ 5 500 W，照明按照实际统计。

（2）供电材质选择：除了照明设备之外，网吧的每一种用电设备都是耗电大户，为此，网吧的供电材质必须选择铜芯电源线，而且要选择国标的铜芯电源线。

（3）电源布线设计。

① 空调功率比较大，若单独供电，可选择直径为 6 mm 的铜芯线。

② 网吧计算机用电不应该是逐一串联的模式，而是使用分组点接，每个计算机分组需要一条主干电源线，建议使用直径为 4 mm 的铜芯线。

③ 照明设备单独用一条线路，由于功率相对较小，使用直径为 2.5 mm 的铜芯线即可。

④ 网络设备供电与收银服务器也需要单独供电，而且要加上 UPS 后备电源。

（4）避雷方案设计：避雷方案的重要部分就是确定避雷导线的安装位置，以及一些避雷设备的安装位置。

步骤2：网吧电源系统综合布线施工。

需注意如下原则：

（1）布线顺序：电源布线与房间装修同步进行。

（2）备份线路：对于比较重要的主干线路，必须在布线施工时多铺设一条线路作为备份线路。

（3）地线安装：网吧电源布线时，必须安装地线。地线随电源布线一起，便于日后的维护。

（4）线路做好标志：做标志时，最好每隔10 m打一个标签，这样有利于查找故障线路。

（5）配线间要规范：配线间要规范，对每路开关可以控制哪种用户设备做一个详细的说明。另外，配线间还要放置一些诸如保险丝、电源插座及备用空气开关等备用件。

步骤3：网吧电源系统综合布线验收。

第1步：测试所有设备工作是否正常。

第2步：网吧全负载运行测试：全负载运行的时间最好在24 h以上，这样才能检验电源布线系统的真正性能。在全负载运行过程中，如果出现空气开关自动跳闸或者保险丝被烧断，请务必仔细检查原因。

第3步：网吧超负荷运行测试：超负荷运行的时间可以在10 h左右，用户可以根据实际情况选择不同时长的测试时间。

步骤4：网络系统综合布线设计。

第1步：确定分支交换机的安装位置：双绞线把客户机与交换机相连，由于交换机的端口数量有限，为此，每个交换机只能为一定数量的计算机服务。

第2步：确定路由器安装位置：路由器最好安装在机房中，保证路由器能够拥有良好的通风性能。

第3步：确定双绞线的走向：双绞线的走向要远离电源线，避免穿过空调等大功率电器。

步骤5：网络系统综合布线施工。

第1步：确定双绞线使用何种线序：如图5-25所示。

T568A线序：1至8号线的色谱为绿白、绿、橙白、蓝、蓝白、橙、棕白、棕。

T568B线序：1至8号线的色谱为橙白、橙、绿白、蓝、蓝白、绿、棕白、棕。

第2步：选择水晶头。

第3步：双绞线铺设。双绞线铺设在PVC管道中，或者专用通道中。

第4步：备份线路铺设。

第5步：线路标记记录。对网线做标记时，不但要在双绞线两端做标记，而且每隔十几米都要做标记。

步骤6：网络系统综合布线验收。

第1步：网线验收。用网络测试仪测试网线是否可以正常通信，如图5-26所示。

第2步：网络设备验收。

第3步：网络传输测试。

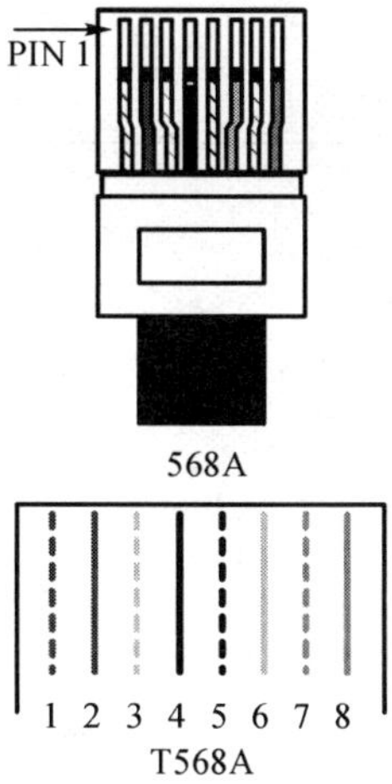

图 5-25　网线线序

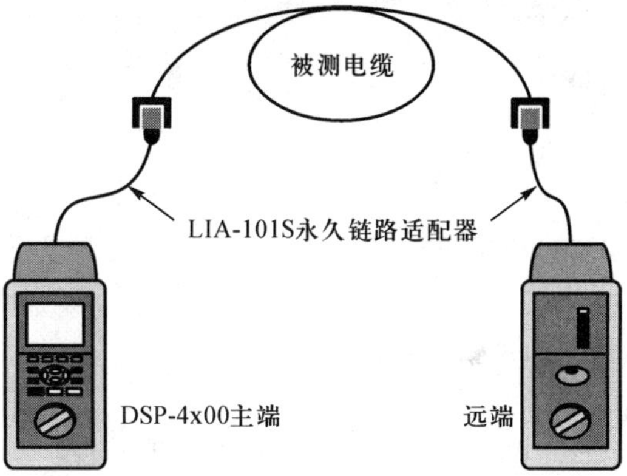

图 5-26　网络测试

知识链接

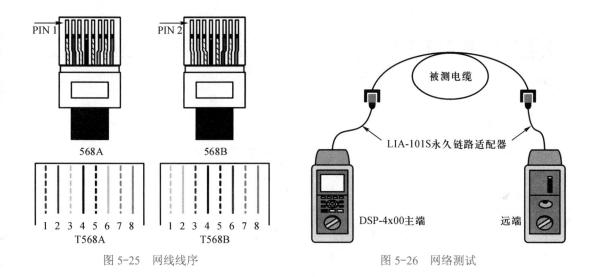

网吧目前所提供的一些常见服务，如网页浏览、网络游戏、在线电影、远程教育等最基本的服务都与网络有关，网络质量的好坏直接决定了网吧的生存能力。所以，如何规划一个优质的网络环境，是网吧经营者必须考虑的一个要点，其中网吧的综合布线尤为重要，主要有两大部分：电源系统布线和网络综合布线。

（1）网吧电源系统布线可以分为设计、施工、验收三个步骤。

（2）网吧网络综合布线与网吧电源系统布线相比更复杂，不但要考虑到网络布线，还要考虑到网络设备的安装位置、网络通信介质的选择等因素。

任务拓展

开发小组共同合作，完成一个完整的网吧规划。

任务评价

通过本任务的学习，给自己的学习打个分吧。

评分内容	分值	自评分	小组评分
能熟练进行网吧的电源布线	40		
能熟练掌握网吧的综合布线	40		
能熟练掌握布线的测试环节	20		
合计	100		

工作任务2 搭建在线影院

任务描述

完成网吧的综合布线后，现在需要开发小组为网吧搭建一个在线影院。

任务准备

1. Windows Server 2003 服务器一台。
2. Windows Server 2003 安装光盘一张。

任务实施

步骤1：安装流媒体服务器。

第1步：依次打开“控制面板”→“添加/删除程序”，进入“添加或删除程序”窗口，单击“添加/删除 Windows 组件”。

第2步：勾选“Windows Media Services”，如图5-27所示。

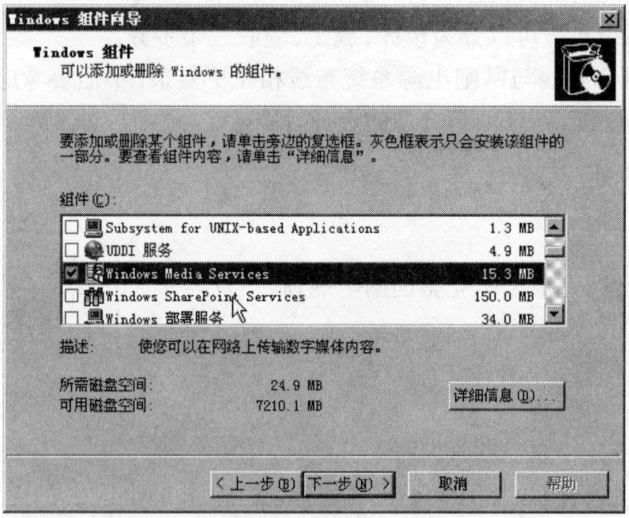

图5-27 组件安装

第3步：单击“下一步”按钮，根据提示完成安装。

步骤2：配置IIS。

第1步：单击“开始”→“管理工具”→“Internet 信息服务”，打开“Internet 信息服务(IIS)管理器”窗口。

第 2 步：选择“Web 服务扩展”，将如图 5-28 所示的扩展改为“允许”。

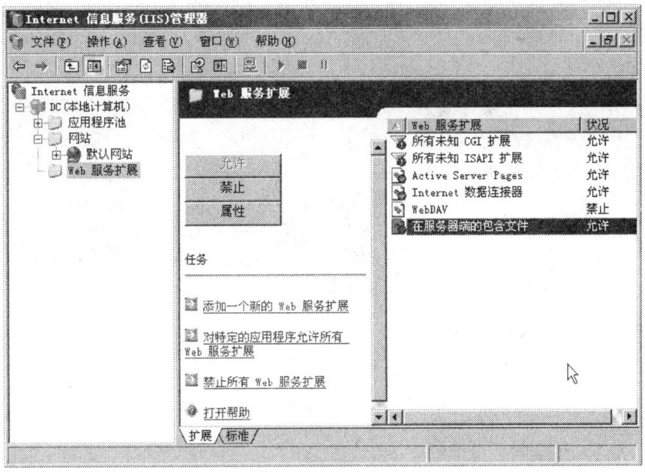

图 5-28　Internet 信息服务

第 3 步：搭建在线影院的网站。

（1）建立网站根目录 C:\movies（movies 文件夹用于存放播放两个电影的网页）。

（2）建立主页文件 index.asp，分别链接到电影 1 以及电影 2，如图 5-29 所示。

```
<body>
<div align="center"><a href="movies/movies1/test.htm">电影1</a>
      <a href="movies/movies2/test2.htm">电影2</a></div>
</body>
```

图 5-29　主页文件

第 4 步：测试在线电影院主页，在浏览器地址栏中输入 http://192.168.50.1，打开主页，如图 5-30 所示。

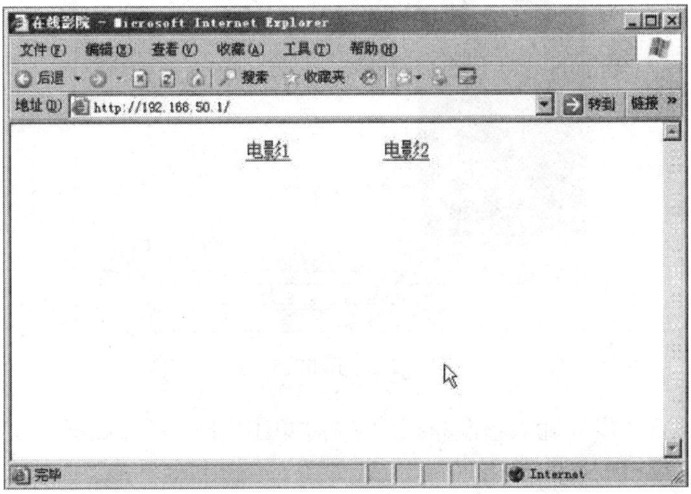

图 5-30　主页测试

步骤 3：配置流媒体服务，搭建第一部电影。

第 1 步：单击“开始”→“管理工具”→“Windows Media Services”，进入配置界面，如图 5-31 所示。

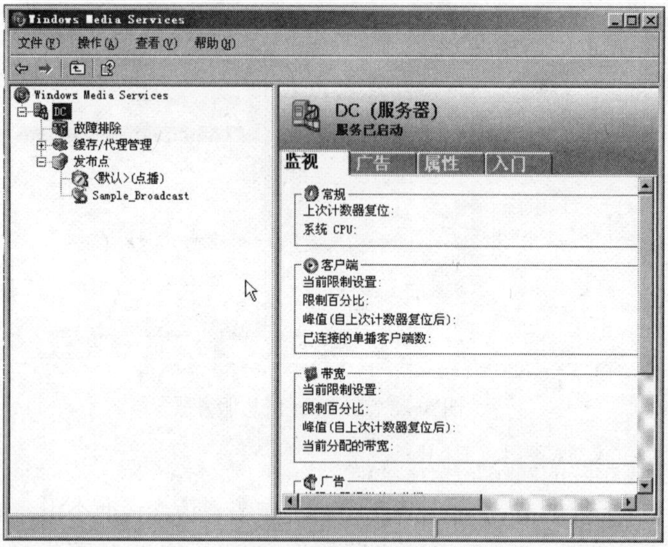

图 5-31 配置界面

第 2 步：右击“发布点”，选择“添加发布点(向导)”，并单击“下一步”，如图 5-32 所示。

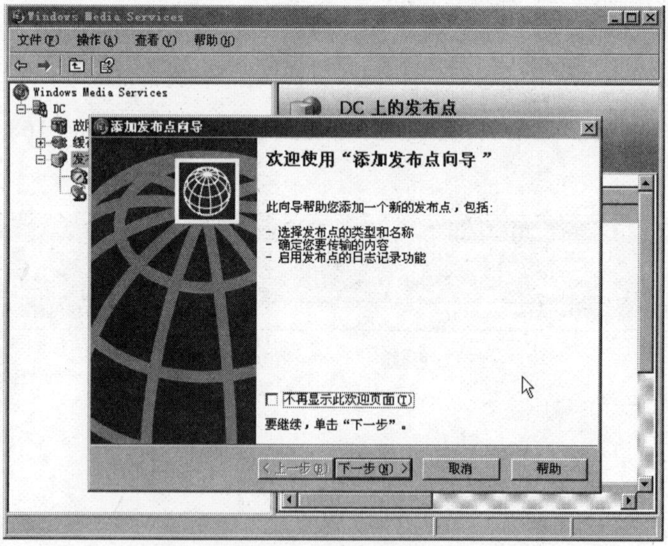

图 5-32 添加发布点

第 3 步：单击“下一步”，输入该发布点的名称，单击“下一步”，如图 5-33 所示。

第 4 步：选择“播放列表”，单击“下一步”，如图 5-34 所示。

第 5 步：选择“广播发布点”，单击“下一步”，如图 5-35 所示。

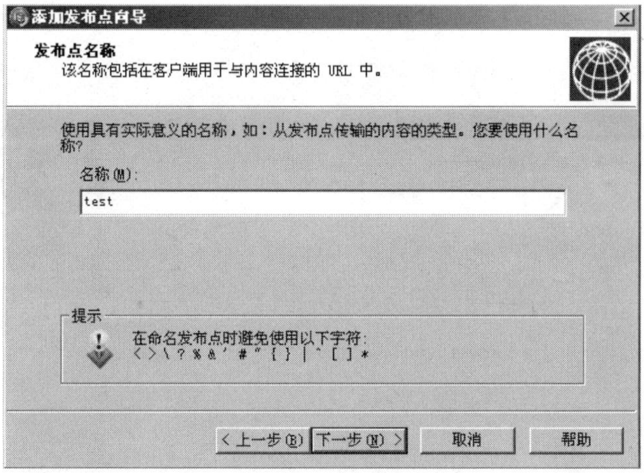

图 5-33　发布点名称

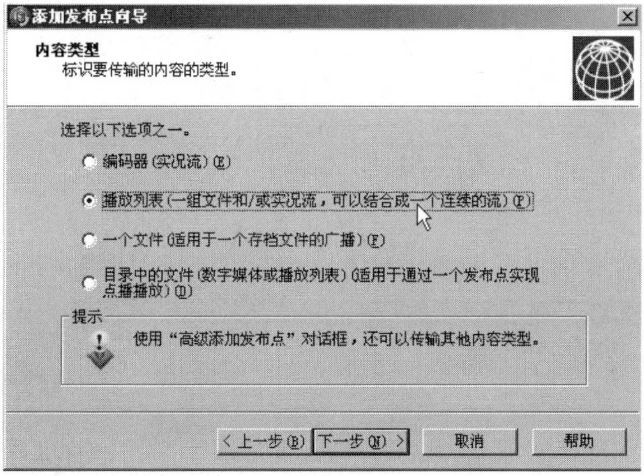

图 5-34　播放列表

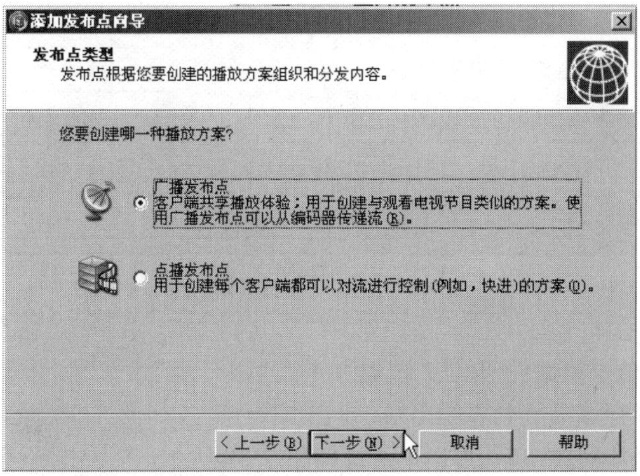

图 5-35　广播发布点

第 6 步：选择“多播”，勾选“启用单播翻转”，单击“下一步”，如图 5-36 所示。

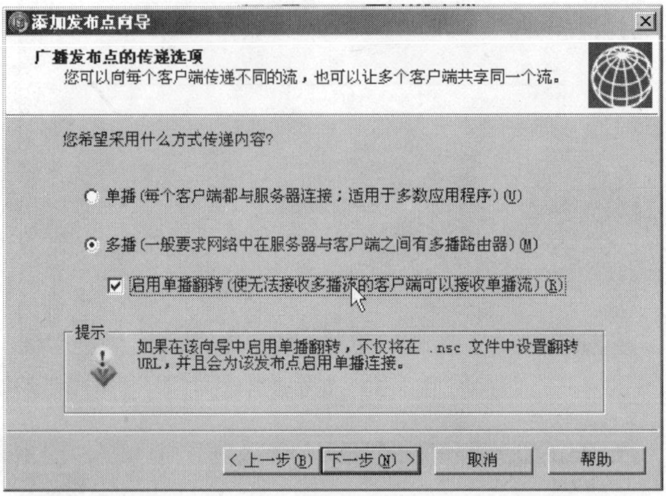

图 5-36 启用单播翻转

第 7 步：新建播放列表，单击“下一步”。

第 8 步：单击“添加媒体”，单击“下一步”，如图 5-37 所示。

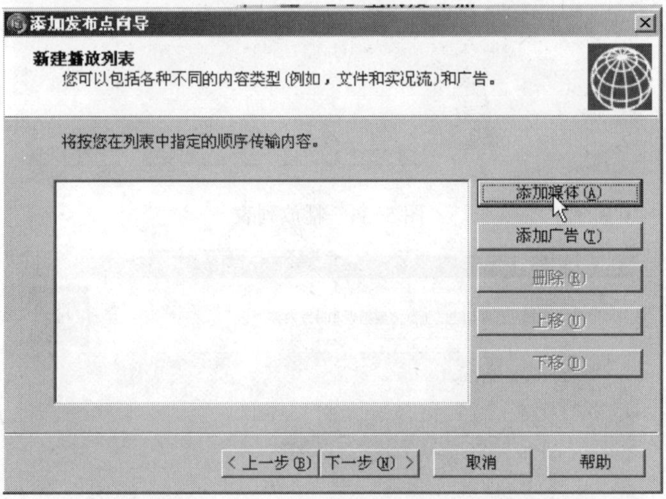

图 5-37 添加媒体

第 9 步：选择一个媒体文件，单击“添加”，单击“下一步”。

第 10 步：选择保存该播放列表的路径，单击“下一步”，如图 5-38 所示。

第 11 步：选择播放模式，单击“下一步”，如图 5-39 所示。

第 12 步：选择是否启用该发布点的日志记录（可不选），单击“下一步”，如图 5-40 所示。

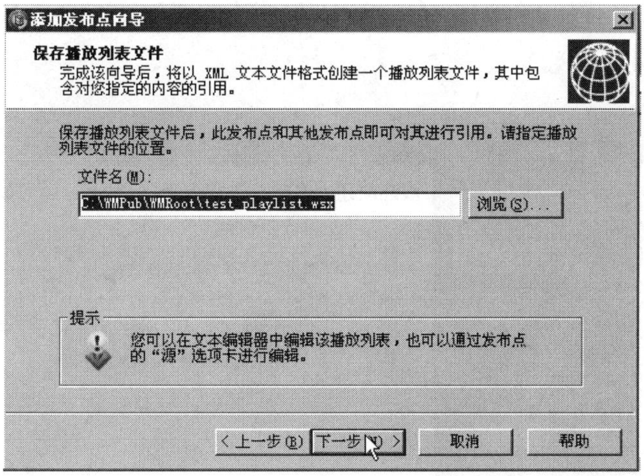

图 5-38　选择保存播放列表路径

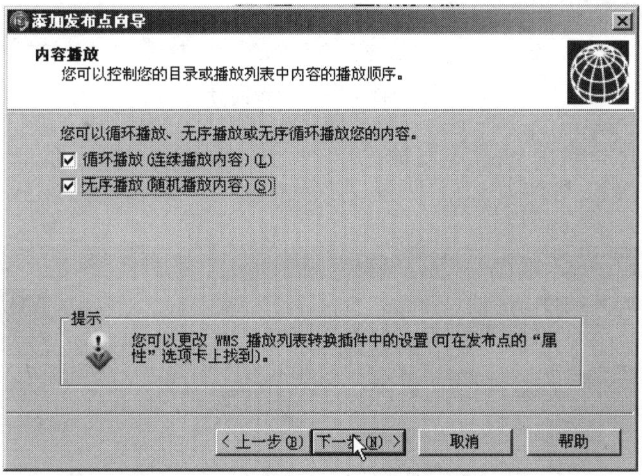

图 5-39　选择播放模式

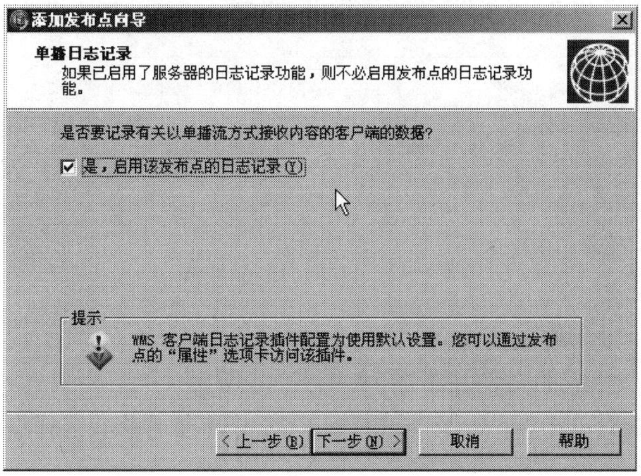

图 5-40　添加发布点

第 13 步：查看发布点摘要，单击“下一步”，完成该向导。弹出“多播公告向导”对话框，单击“下一步”，如图 5-41 所示。

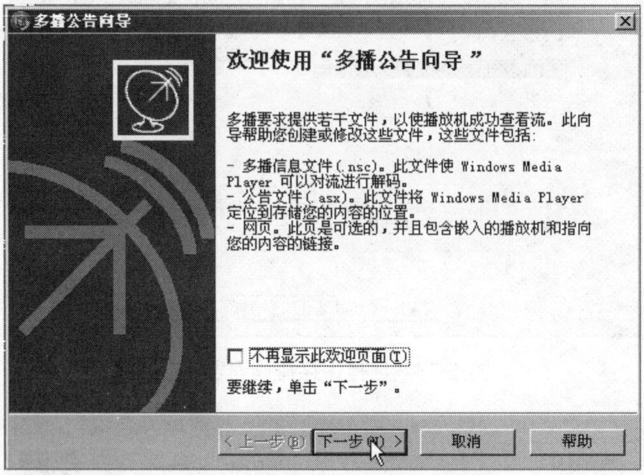

图 5-41 多播公告向导

第 14 步：勾选“自动创建 Web 页”，单击“下一步”，如图 5-42 所示。

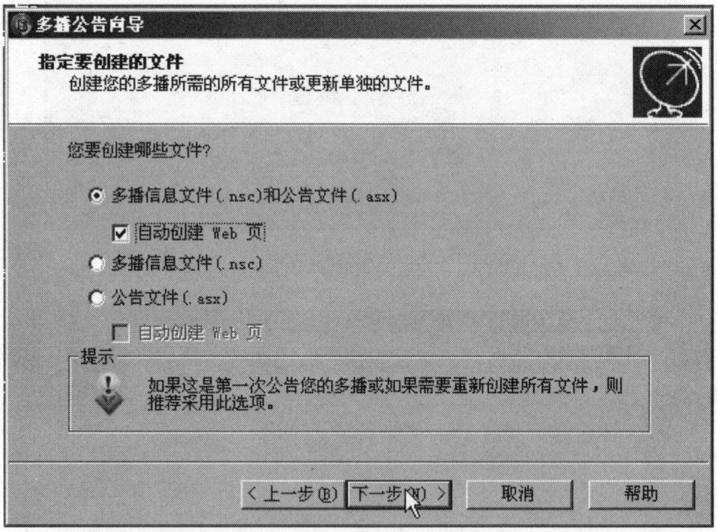

图 5-42 自动创建 Web 页

第 15 步：单击“添加”，添加流格式，如图 5-43 所示。

第 16 步：选择一个合适的文件并添加，如图 5-44 所示。

第 17 步：添加完成后单击“下一步”，选择是否启用日志记录。选择保存文件路径，单击“下一步”，如图 5-45 所示。

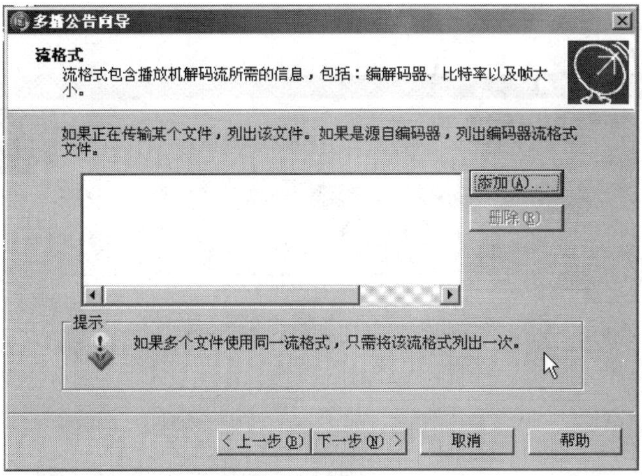

图 5-43　添加流媒体文件(1)

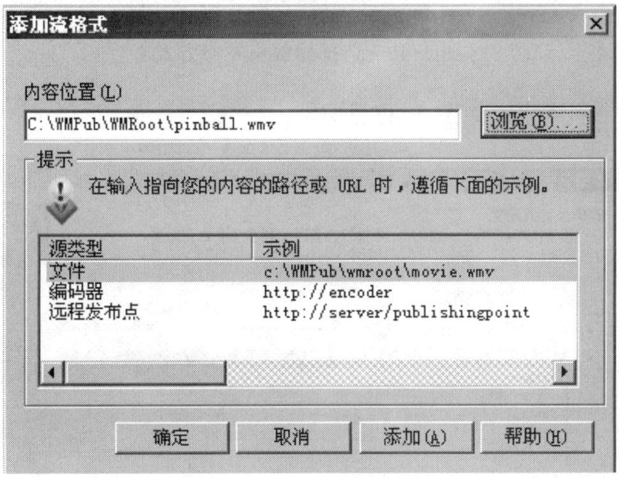

图 5-44　添加流媒体文件(2)

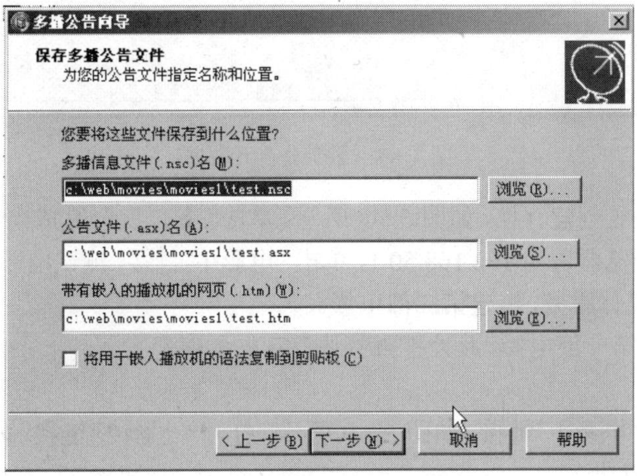

图 5-45　选择保存文件路径

第 18 步：选择播放机发布方式，如图 5-46 所示。

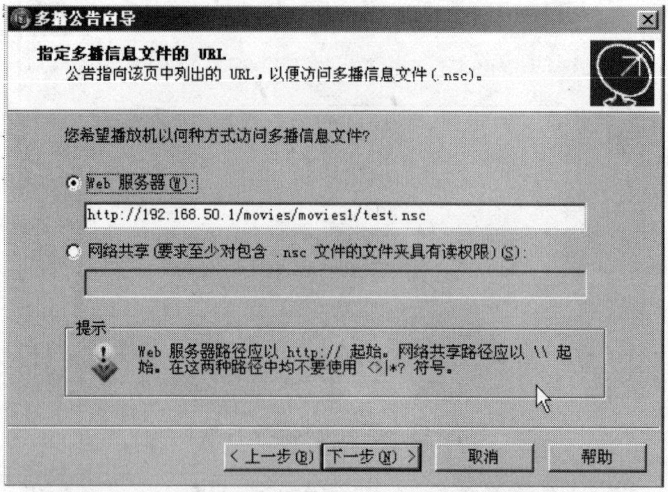

图 5-46 选择播放机发布方式

第 19 步：编辑公告元数据，如图 5-47 所示。

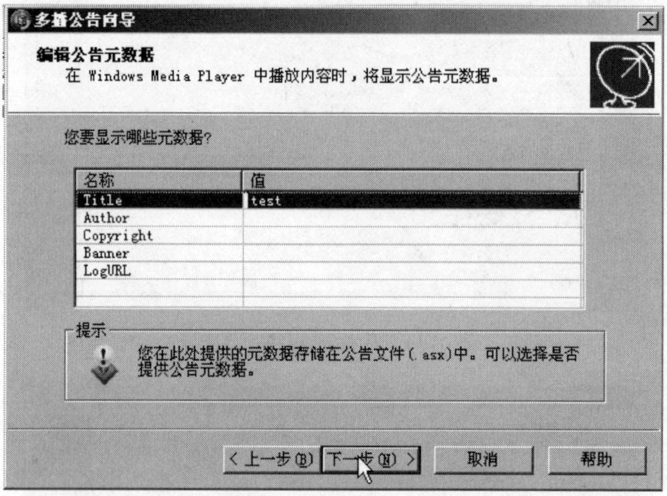

图 5-47 编辑公告元数据

第 20 步：选择是否创建存档，如图 5-48 所示，单击“下一步”，完成向导。

第 21 步：打开浏览器访问 192.168.50.1，单击“电影 1”链接，测试电影是否正常播放。

步骤 4：配置流媒体服务，搭建第二部电影。

操作方法同搭建第一部电影，此处不再赘述。

步骤 5：测试。

打开主页，单击“电影 1”链接，如图 5-49 所示；打开“电影 2”链接，如图 5-50 所示。测试完毕，搭建在线影院成功。

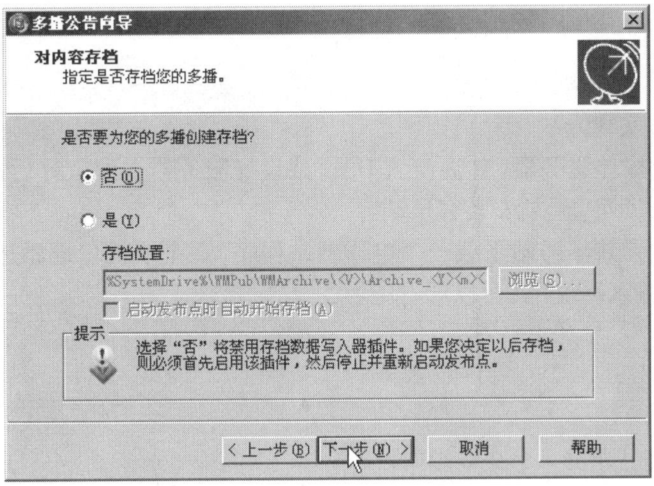

图 5-48　内容存档

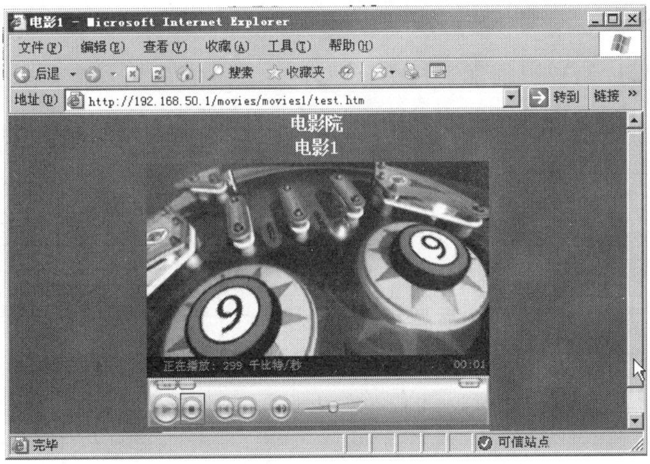

图 5-49　电影 1 测试

图 5-50　电影 2 测试

知识链接

在线影院有两种实现方法。

方法一：安装流媒体服务器，然后配置 IIS。架设好服务器并配置好后，在客户计算机上直接用网页的方式打开即可，无须安装客户端。

方法二：到源代码共享网站下载一个电影网站程序，逐个或批量地添加电影。只需要在客户机的 IE 地址栏里输入网址，就可以观看电影。

任务拓展

尝试用方法二自己开发一个在线影院。

任务评价

通过本任务的学习，给自己的学习打个分吧。

评分内容	分值	自评分	小组评分
能利用 Windows Server 2003 自带功能实现在线影院	50		
能利用互联网上的平台实现在线影院	50		
合计	100		

模块小结

通过本模块的学习，我们了解了网吧布线分电源系统布线和网络综合布线两部分，以及网吧在线影院的搭建方法。我们可以通过以下问题对本模块内容进行回顾并进一步提升：

1. 网吧的布线包含哪些内容？
2. 搭建网吧在线影院有哪两种实现方法？
3. 如何搭建网吧在线影院？

模块 4 域管理在公司中的应用

工作任务 1 域控制器部署项目规划和设计

任务描述

在域控制器部署中，对部署环境的分析、规划和设计非常重要。本任务通过对两个中型局域网部署域控制器的案例分析，来提高学生在部署中型局域网时对环境的分析、规划和设计能力。

任务准备

实训指导教师预先准备部署案例，以课题讨论的形式展开教学。

任务实施

步骤 1：案例 1 分析

某公司总经理要求担任网管的你对公司进行域控制器部署。公司有人事部、行政部、财务部、工程部、市场部 5 个部门，员工的网络知识很缺乏，不会设置 TCP/IP 等参数。总经理希望员工不能擅自安装软件。员工之间不能跨部门账号登录，不能在下班 1 小时后使用自己的账号。公司的计算机和员工众多，在部署后希望能有较稳定的运行和维护环境。同一个部门的员工能快捷访问共享资源。

要求：对上面的需求做分析，得出具体部署选项。

步骤 2：案例 2 分析

某职业学校计算机实训室要进行改造，学校要求使用域控制器规范上机环境。具体要求如下：

（1）教师在任何计算机上都可以使用 U 盘，学生则不能。

（2）教师个人资源漫游。

（3）教师有资源交流平台。

（4）学生账号只能登录特定对应的学生计算机。

（5）建立课堂资源分发机制。

（6）禁止学生账号运行特定程序。

（7）禁止学生使用 Vmware 虚拟机软件读取 U 盘和 3G 无线上网卡。

（8）开机时自动提示欢迎语。

（9）主域控制器禁止 user 组的用户加入。
（10）学生账号禁止修改密码。教师账号每过 2 个月强制修改密码。
（11）修改域控制器服务器的默认远程端口。
（12）修复系统黏滞键漏洞。
（13）搭建稳定文件服务器，以供教学资源上交、分发。
（14）采取一定措施，保证域控制器服务器的稳定。
（15）教学监控软件客户端可防止恶意关闭。
（16）具备海量域控用户的建立和维护措施。
请对上面的需求进行分析，提出具体部署办法。

知识链接

域控制器部署项目规划和设计的步骤如下：
① 建立较完整的技能体系。
② 将用途需求转变成对应的技能需求。
③ 选择最合适的技能解决需求。
④ 进行可行性论证（结合使用对象、场地等因素）。

任务拓展

1. 写出项目规划和设计的步骤。
2. 写出两个案例的分析过程。

任务评价

通过本任务的学习，给自己的学习打个分吧。

评分内容	分值	自评分	小组评分
能针对不同的案例进行需求分析	50		
能针对不同的应用情景制定部署方案	50		
合计	100		

工作任务2 域控制器部署项目实例

任务描述

本实例通过实例部署，增强学生的任务需求分析能力和域控制器实际部署能力。

任务准备

学生一人一台计算机，计算机内预置 Vmware 虚拟机软件，预置安装完毕的 Windows XP 和 Windows Server 2003 虚拟机系统的计算机各一台。Windows Server 2003 已经预装了域控制器。

任务实施

步骤 1：进行项目分析。

（1）公司有人事部、行政部、财务部、工程部、市场部 5 个部门。

（2）员工不会设置 TCP/IP 等参数。

（3）公司希望员工不要擅自安装软件。

（4）员工之间不能相互登录，不能在下班 1 小时后使用自己的账号。

（5）公司希望在部署域控制器后能有较稳定的运行和维护环境。

（6）同一个部门的员工能快捷地进行资源共享访问。

步骤 2：确定搭建思路。

（1）设置 5 个 OU，每个 OU 下设置相应部门的员工账号，同一个部门的员工一个组。

（2）通过 DHCP 分配相关参数。

（3）员工账号属于 Domain user 组。

（4）员工账号绑定自己的计算机名，设定员工账号登录时间。

（5）配置备用域控制器，域策略做备份。

（6）配置共享文件夹，设置权限。允许同一个组的用户（账号）进行访问。

步骤 3：开始实施搭建。

第 1 步：将虚拟机 XP 加入 Windows Server 2003 所在域，如图 5-51 所示。

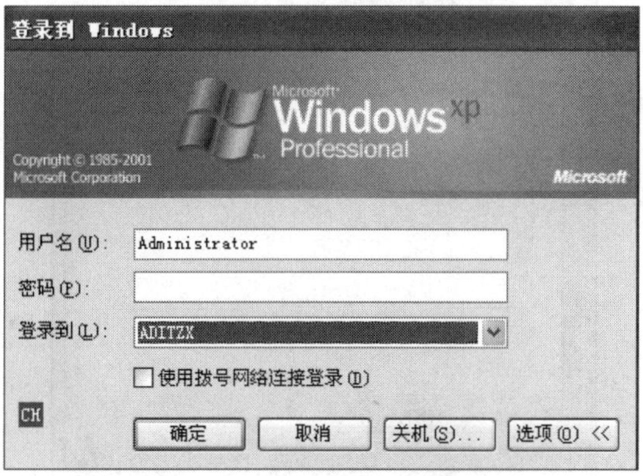

图 5-51　加入域后的客户端

第 2 步：设置 OU，在 OU 下设置子 OU，分别放置每个部门的用户和计算机，如图 5-52 所示。在每个部门 OU 下建立两个测试用户，如图 5-53 所示。

人事部：zhangsanhz，lisihz　　　　　　　同在 rs 组

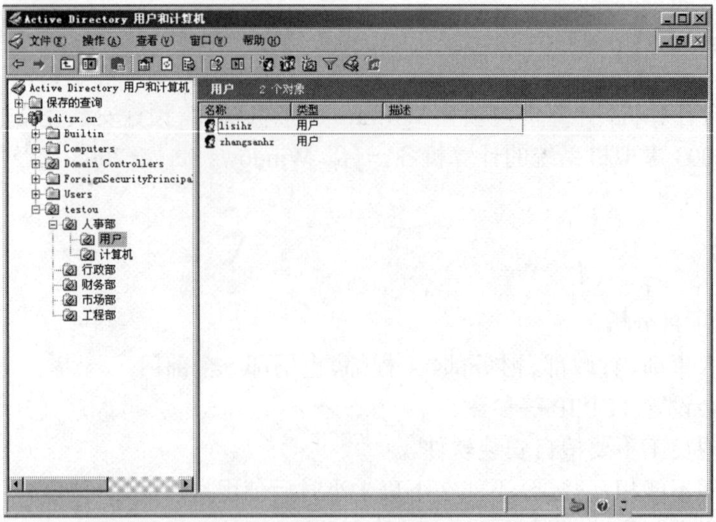

图5-52 OU及用户的配置

行政部：wangwuhz，zhaoliuhz 同在xz组

财务部：songqihz，qianbahz 同在cw组

市场部：tianjiuhz，dushihz 同在sc组

工程部：jiangwuhz，heerhz 同在gc组

第3步：在Windows Server 2003上建立DHCP服务器。自动给实验网段分配IP地址等网络信息。现Windows Server 2003的静态IP地址为192.168.1.88/24。要求在分配IP地址的时候，自动分配的DNS必须指向Windows Server 2003（192.168.1.88）和域名解析提供商（202.101.172.35），如图5-54所示。

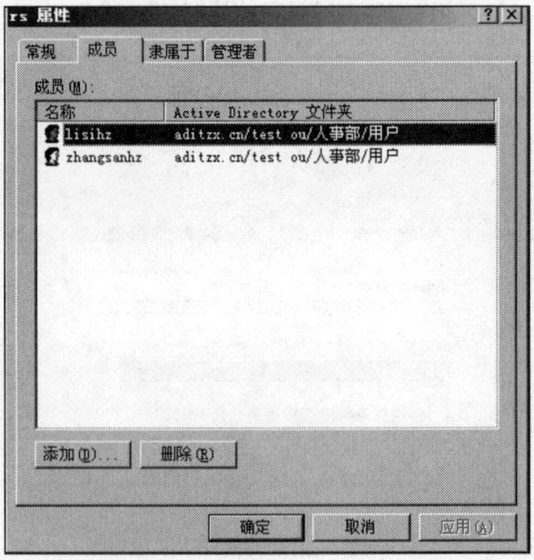

图5-53 用户zhangsanhz、lisihz同在rs组

第4步：右键单击每个用户，选择“登录到”，输入规定登录的计算机名。这样，员工用户就只能登录特定（自己的）计算机了，如图5-55所示。

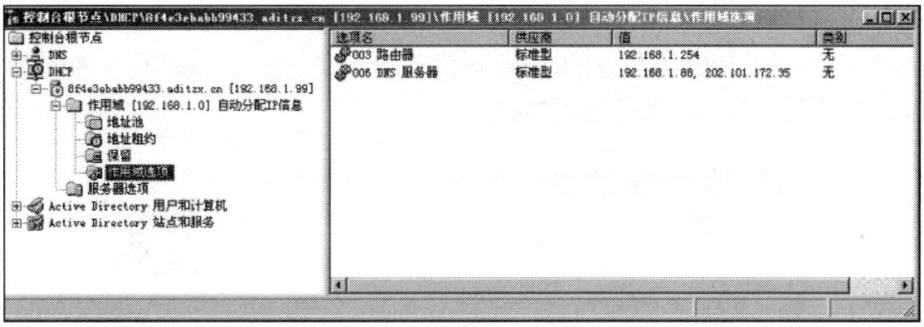

图 5-54　配置合理的 DNS 和网关

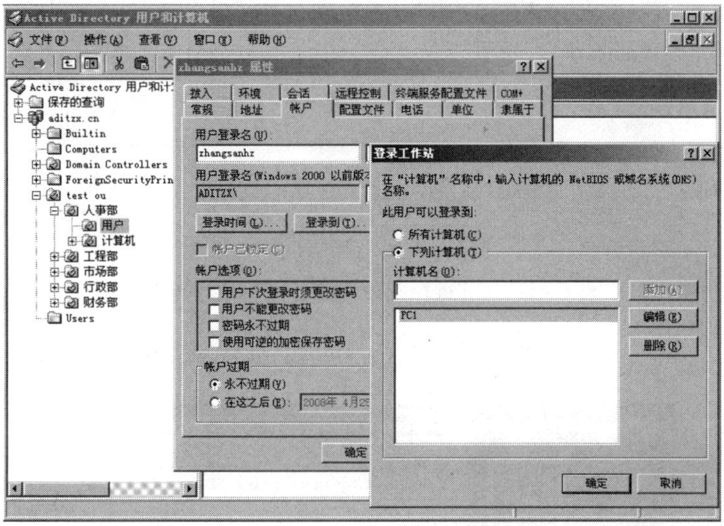

图 5-55　将用户和特定的计算机绑定

第 5 步：右键单击每个用户，选择“登录到”，根据提示选择用户能够登录的时间，如图 5-56 所示，这里设定用户 zhangsanhz 在周一到周五的 8 点到 17 点能正常登录系统，其他时间禁止登录。

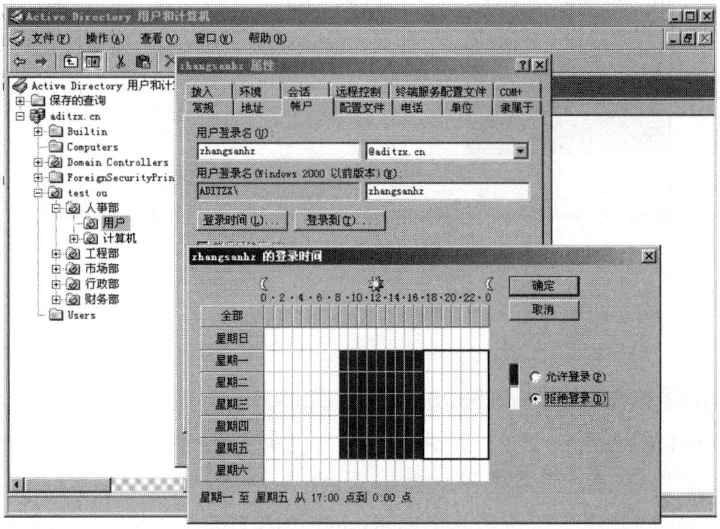

图 5-56　域用户的登录时间设置

第 6 步：用虚拟机新建一个新的 Windows Server 2003 系统。将这个新的 Windows Server 2003 升级为域控制器，在选择域控制器角色的时候选择“现有域的额外域控制器”，如图 5-57 所示。

其他步骤同安装域控制器，这里不再复述。

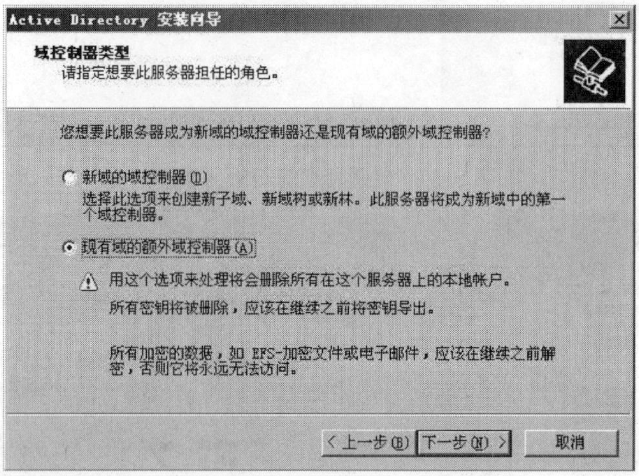

图 5-57 额外域控制器（辅助域控制器）的添加

第 7 步：在 Windows Server 2003 里安装 GPMC（组策略管理控制台），如图 5-58 所示。

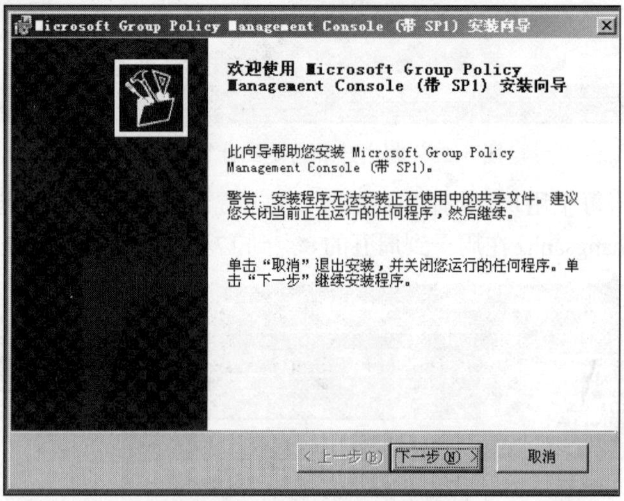

图 5-58 组策略管理控制台的安装

安装后，选择“开始”→“程序”→“管理工具”→“组策略管理”，将当前的组策略进行备份，如图 5-59 所示。

将当前的策略都在 Windows Server 2003 的 D 盘根目录上备份。

第 8 步：在 Windows Server 2003 上新建共享文件夹“share”，下面有“人事部”、“行政部”、“财务部”、“市场部”、“工程部”几个子文件夹，如图 5-60 所示。

设置 share 文件夹的共享文件夹权限：Everyone 权限为完全控制，如图 5-61 所示。

图 5-59　在组策略管理控制台中进行组策略备份

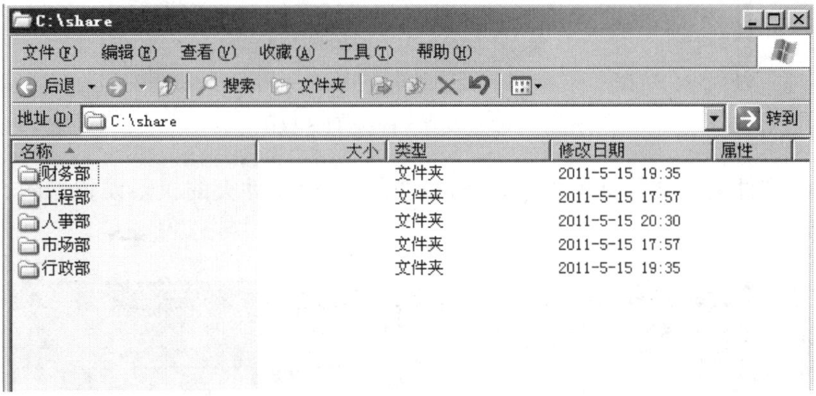

图 5-60　共享文件夹及子文件的名称

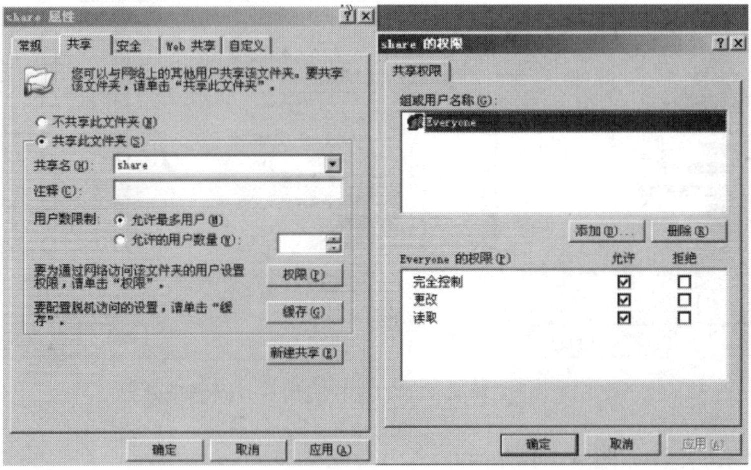

图 5-61　share 共享文件夹权限

设置 share 文件夹的 NTFS 权限：Administrators 权限为完全控制，5 个员工组 rs、xz、cw、sc、gc 权限为只读，如图 5-62 所示。

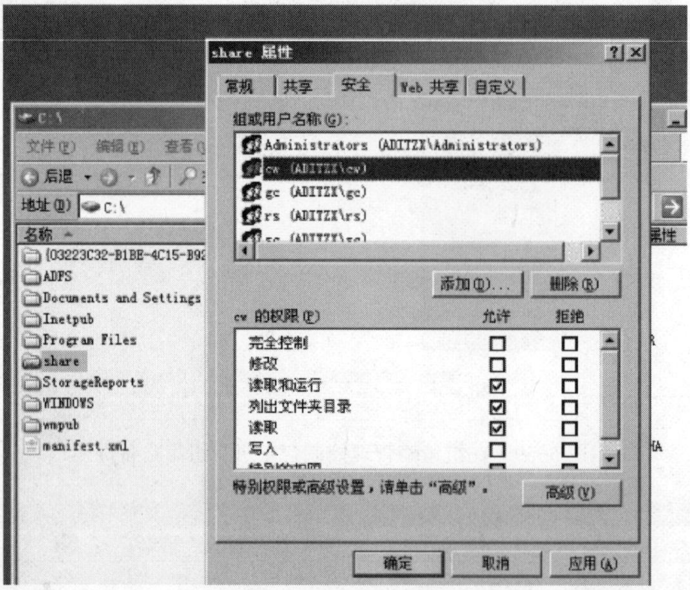

图 5-62 设置 shareNTFS 权限

设置 share 文件夹子文件夹的 NTFS 权限："人事部"文件夹的权限设置如图 5-63 所示，其他文件夹类似。

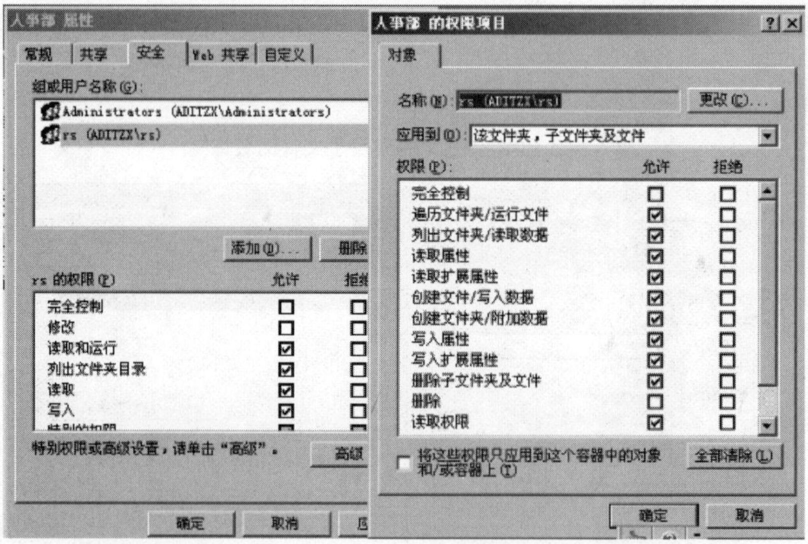

图 5-63 子文件夹的 NTFS 权限用户登录测试效果

在客户端登录验证，如图 5-64 所示。

验证发现每一个部门的员工只能打开自己所属的部门的用户文件夹，而管理员组成员则完全控制，如图 5-65 所示。人事部的用户 zhangsanhz 只能对“人事部”文件夹进行浏览和写入文件，说明部署域控制器成功。

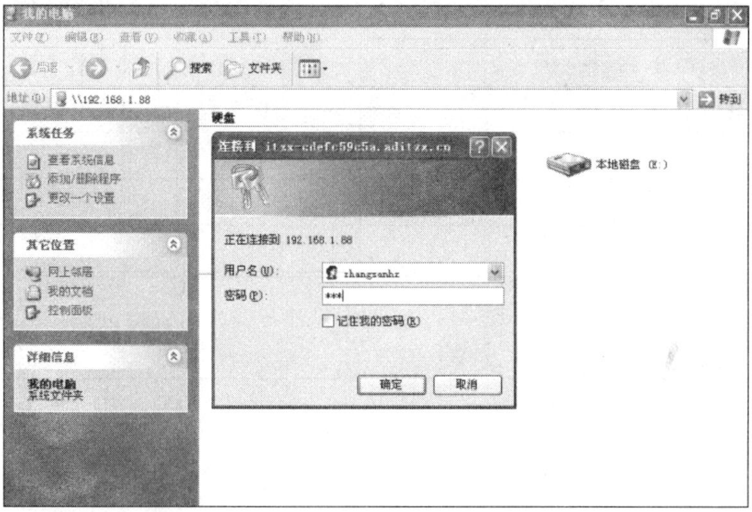

图 5-64　用户登录测试效果

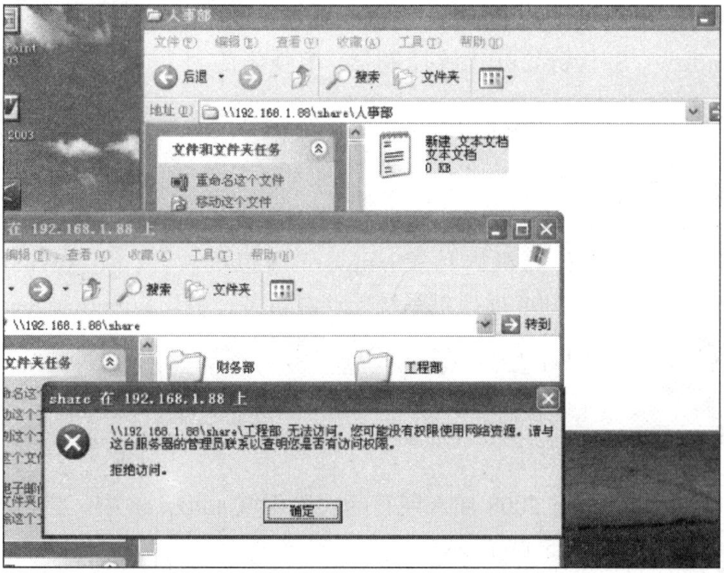

图 5-65　只能登录自己部门的文件夹

任务拓展

1. 总结本项目部署规划和设计思路。
2. 用户资源共享时，设定共享文件夹权限和 NTFS 权限的技巧是什么？

任务评价

通过本任务的学习，给自己的学习打个分吧。

评分内容	分值	自评分	小组评分
能进行目录部署规划	30		
理解目录部署设计思想	40		
能进行实际部署	30		
合计	100		

工作任务3 域控制器迁移实例

任务描述

域控制器服务器长期部署，难免出现问题，一旦出现问题，便需要进行域控制器迁移，用新的域控制器来替换原有的域控制器。本任务将一个 Windows Server 2003 域控制器迁移到 Windows Server 2008 域控制器，增强学生进行域控制器的迁移和故障排除的能力。

任务准备

学生一人一台计算机，计算机内预置 Vmware 虚拟机软件，预装 Windows XP、Windows Server 2003、Windows Server 2008 虚拟机系统的计算机各一台。Windows Server 2003 系统中已经预装了域控制器。

任务实施

步骤 1：将 Windows Server 2008 加入现有的实验用域 aditzx.cn 中。当前的域控制器服务器是 Windows Server 2003，如图 5-66 所示。

步骤 2：在 Windows Server 2003 系统中插入 Windows Server 2008 的光盘，在 Windows Server 2003 中扩展架构信息。

第 1 步：在命令提示符下输入光盘盘符后按回车键，接着输入命令："cd sources\adprep"，然后输入"adprep /forestprep"。

第 2 步：提升域功能级别为 Windows Server 2003 模式，如图 5-67 所示。

第 3 步：在命令提示符下输入"adprep /domainprep /gpprep"，如图 5-68 所示。

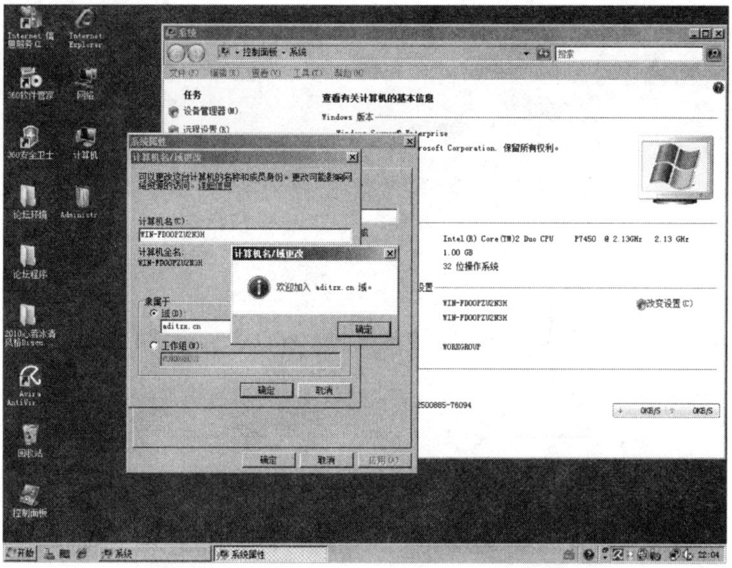

图 5-66　Windows Server 2008 加入域 aditzx.cn

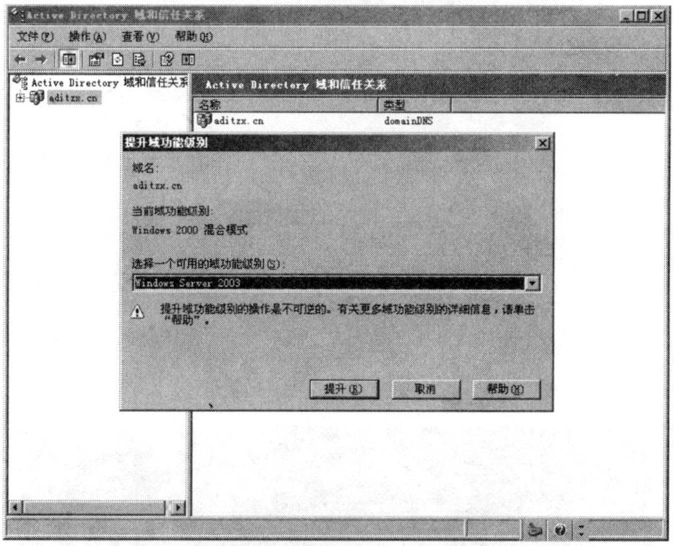

图 5-67　提升域功能级别为 Windows Server 2003 纯模式

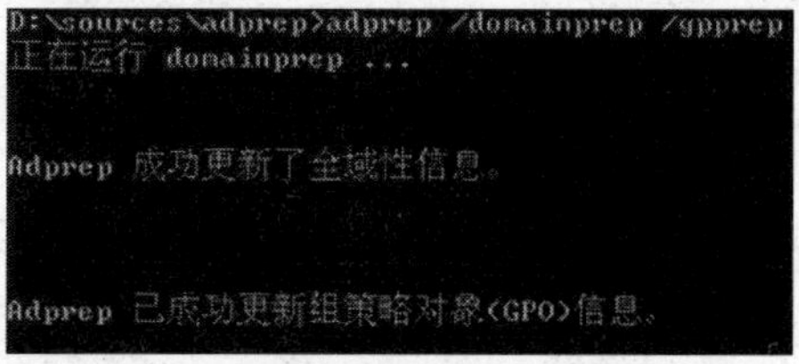

图 5-68　更新组策略对象信息

第 4 步：在命令提示符下输入“adprep /rodcprep”拓展森林架构。

步骤 3：将加入域的 Windows Server 2008 升级成域控制器，如图 5-69、图 5-70 所示。

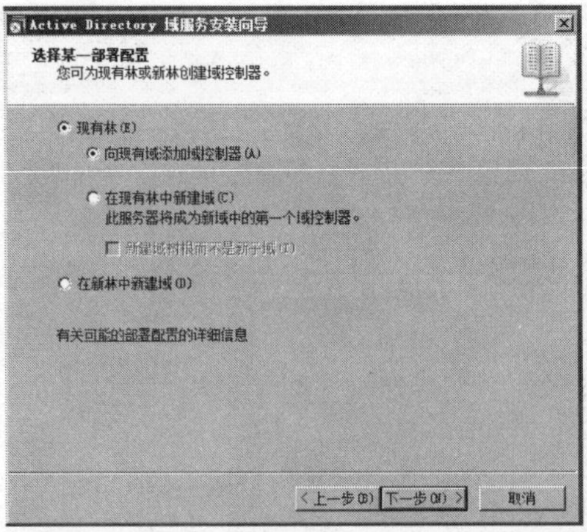

图 5-69 Windows Server 2008 作为额外的域控制器加入实验域

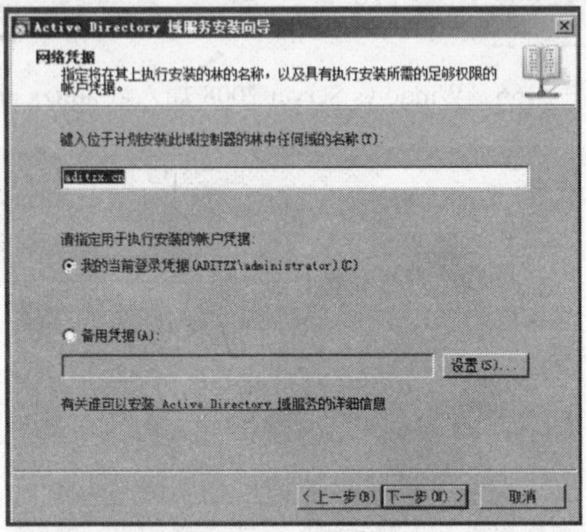

图 5-70 Windows Server 2008 实验域 aditzx.cn

使用 netdom query fsmo 命令查看当前操作主机，如图 5-71 所示。

图 5-71 Windows Server 2003 是当前域控制器的主域控制器

步骤 4：转移操作主机。

在 Windows Server 2003 上进行转移操作主机的操作，如图 5-72 所示。

图 5-72　开始转移操作主机

步骤 5：依次输入如下命令，进行 5 个主机角色的传送。

Transfer domain naming master　　// 将已连接的服务器定为域命名主机

Transfer infrastructure master　　// 将已连接的服务器定为结构主机

Transfer PDC　　// 将已连接的服务器定为 PDC

Transfer RID master　　// 将已连接的服务器定为 RID 主机

Transfer schema master　　// 将已连接的服务器定为架构主机

步骤 6：在 Windows Server 2008 上验证结果，如图 5-73 所示。

图 5-73　操作主机转移完毕，Windows Server 2008 已经是主域控制器

知识链接

1. 什么是 FSMO 角色？域控制器的 5 个 FSMO 角色分别是哪些？

由于 Active Directory 角色未绑定到单个域控制器上，因此称它为“Flexible Single Master Operation”（FSMO）角色。目前在 Windows Server 系列操作系统中有 5 种 FSMO 角色：架构主机、域命名主机、RID 主机、PDC 模拟器、结构主机后台程序。

2．操作主机角色如何分配？

架构主机角色的分配要看两个条件。

（1）是否是单域？如果是单域，那么 GC 的存在作用不大，架构主机可以将所有角色放在一台 DC 上。如果是多域，那么 GC 和 Infrastructure OM 是存在冲突的，不能将所有角色放在同一台 DC 上。

（2）用户数量。如果用户数量比较多，导致登录缓慢，并且活动目录日志中给出了性能问题的记录，那么需要考虑将 GC、PDCe 这两个工作量较大的角色分担到多台 DC 上。

任务拓展

1．复述域控制器迁移的步骤。

2．什么是 FSMO 角色？有哪些 FSMO 角色？

任务评价

通过本任务的学习，给自己的学习打个分吧。

评分内容	分值	自评分	小组评分
掌握域控制器迁移方法	50		
了解操作主机角色分配及操作	50		
合计	100		

模块小结

通过本模块的学习，我们了解了网络中不同案例的分析和部署文案，同时对部署的实现也进行了相关实验，掌握了域控制器的迁移。我们可以通过以下问题对本模块内容进行回顾并进一步提升：

1．对网络的不同方案是进行如何分析的？

2．部署方案包括哪些步骤？

3．域控制器的迁移以及操作主机角色的分配原理是什么？

模块 5

公司内部网络搭建

工作任务 1 制作点位统计表和系统图

任务描述

为一家公司规划并搭建公司内部网络，在规划中根据实际需求计算点表，根据平面图制作系统图。

任务准备

1. 每组一台计算机，安装 Windows XP 操作系统，装有 Office 2007 办公软件、AutoCAD 2008、Visio 2007。

2. 每组一份建筑平面图（纸质），计算机中有图纸电子稿。

任务实施

步骤 1：根据建筑平面图及用户要求做出需求分析。

某公司在某大厦租用八至十楼作为公司写字楼，各楼层平面图如图 5-74 所示。其中八楼作为公司客户服务中心（网络管理中心），九、十楼为公司销售、人事、行政部门办公楼层。根据建设方提供的资料，已知大楼宽 20 m，长 53 m，平均楼层高 3.5 m。用户要求千兆以太网为主干，百兆到桌面，必要时可无须更换线路，升级为万兆以太网主干、千兆到桌面。采用的应用系统主要为语音与网络，必要时可以更换为其他应用系统（同时需考虑节约成本）。

如图 5-74（a）所示，八楼每个带有办公桌的区域为 1 个工作区，每个工作区设置语音点 1 个、网络信息点 1 个，总监室、副总经理办公室和前台各设置 2 个语音及 2 个网络点，培训室设置语音点 2 个、网络信息点 2 个。

如图 5-74（b）所示，九楼每个带有办公桌的区域为 1 个工作区，每个工作区设置语音点 1 个、网络信息点1个，总监室、总经理办公室设置2个语音及2个网络点，样品室设置语音点2个、网络信息点2个。

如图 5-74（c）所示，十楼每个带有办公桌的区域为 1 个工作区，每个工作区设置语音点 1 个、网络信息点 1 个，总监室、董事长办公室各设置 2 个语音及 2 个网络点，会客室设置语音点 2 个、网络信息点 4 个。

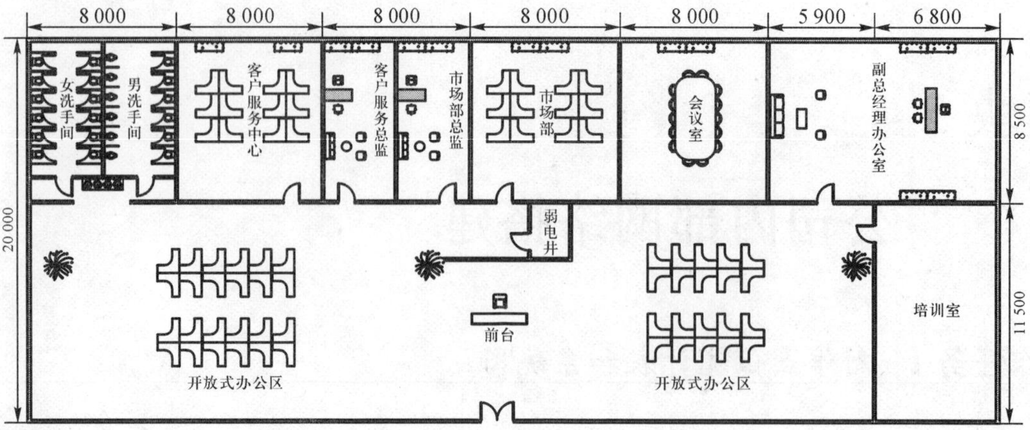

(a)　八楼平面图

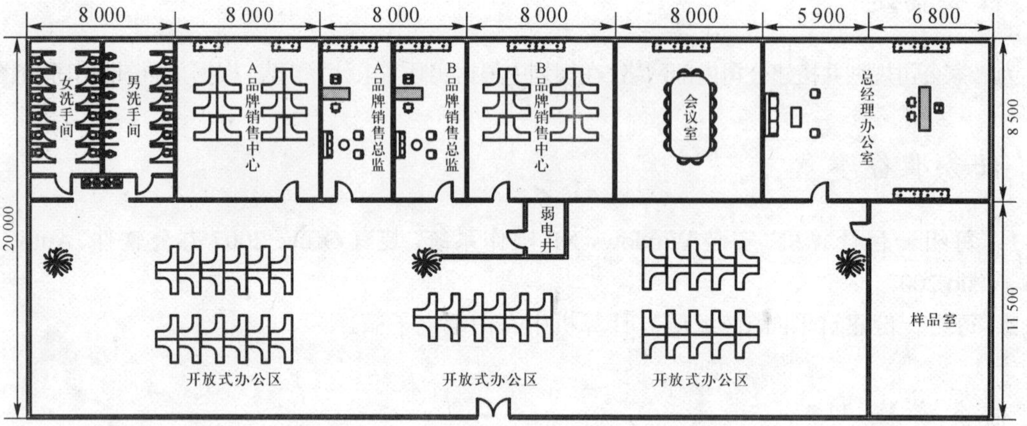

(b)　九楼平面图

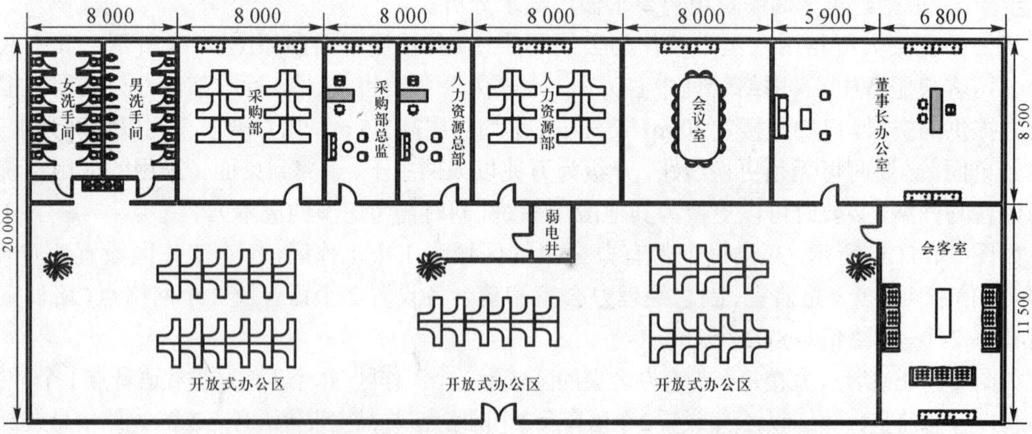

(c)　十楼平面图

图 5-74　楼层平面图

步骤 2：绘制信息点统计表，如表 5-4 所示。

表 5-4　信息点统计表

建筑物网络综合布线信息点数量统计表																					
房间或区域编号																					
楼层编号	开放式工作区		客户服务中心		客户服务总监		市场部		市场部总监		会议室		副总经理办公室		培训室		前台		数据点合计	语音点合计	信息点合计
	数据	语音	数据	语音	数据	语音	数据	语音	数据	语音	数据	语音	数据	语音	数据	语音	数据	语音	数据	语音	
8#	48	48	12	12	2	2	12	12	2	2	4	2	2	2	2	2	2	2	86	84	
合计																					

参照八楼信息点统计表制作九、十楼信息点统计表。要求使用 Excel 软件编制，表格设计合理，数量正确，项目名称正确，签字和日期完整，采用 A4 幅面打印。

步骤 3：根据以上信息，设计与绘制该项目系统拓扑图。

要求各要素齐全，图标使用正确，线条大小合理，颜色分明，比例合适，具有相关文字说明图纸的设计原由，图纸采用 A4 页面设计。要求采用 AutoCAD 或 Visio 软件进行绘制，可参考图 5-75 绘制。

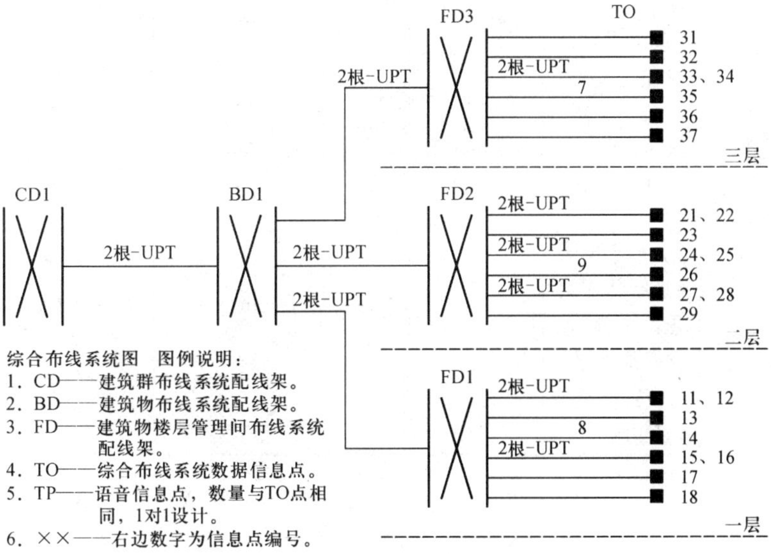

图 5-75　某建筑物综合布线系统图

知识链接

综合布线系统图图形及符号见表 5-5。

表 5-5 综合布线系统图图形及符号

序号	符号	名称	符号来源
1	形式 1：CD 形式 2：CD	建筑群配线架（系统图，含跳线连接）	GB50311—2007
2	形式 1：BD 形式 2：BD	建筑物配线架（系统图，含跳线连接）	GB50311—2007
3	形式 1：FD 形式 2：FD	楼层配线架（系统图，含跳线连接）	GB50311—2007
4	FD	楼层配线架（系统图，无跳线连接）	GB50311—2007
5	形式 1：CD 形式 2：CP	集合点配线箱	GB50311—2007
6	ODF	光纤配线架（光纤总连接盘，系统图，含跳线连接）	—
7	LIU *	光纤连接盘（系统图）	—
8	MDF	用户总配线架（系统图，含跳线连接）	—
9	*	配线架柜的一般符号（平面图） * 可用以下文字表示不同的配线架； CD—建筑群； BD—建筑物； FD—楼层	—
10	SB	模块配线架式的供电设备（系统图）	—
11	HDD	家居配线箱	—
12	HUB	集线器	GB50311—2007
13	SW	网络交换机	GB50311—2007
14	PABX	程控用户交换机	—
15	IP	网络电话	—
16	AP	无线接入点	—
17	TO	信息点（插座）	00DX001

任务拓展

1．综合布线分为哪 7 个子系统？
2．尝试计算该公司八楼综合布线所需材料清单。

任务评价

通过本任务的学习，给自己的学习打个分吧。

评 分 内 容	分　值	自 评 分	小 组 评 分
了解综合布线各子部分并能确定它们的位置	30		
能合理分析客户需求，计算信息点数量	40		
能正确绘制系统图，图例说明准确	30		
合计	100		

工作任务 2　弱电、强电施工

任务描述

根据施工图进行综合布线施工。

任务准备

1．每组 3 人，1 套网络综合布线实训装置（由西安开元电子实业有限公司提供，型号：KYSYZ-12-1233）、2 台网络配线实训装置（同前，型号：KYPXZ-01-05）、1 台计算机。

2．每组使用工具如表 5-6 所示。

表 5-6　综合布线施工工具列表

序　号	工具名称和规格	数　量	工 具 用 途
1	网络压线钳，RJ-45 口 /RJ-11 口，具有剪线和剥线功能	2 把	剪线，剥线，压接 RJ-45 头
2	网络打线钳（单口）	2 把	RJ-45 模块和通信 5 对模块打线
3	2 m 钢卷尺	2 把	长度和位置测量
4	活扳手，150 mm（6 寸）	2 把	螺钉固定
5	螺丝刀ø6×150，十字头，带磁性	2 套	螺钉固定
6	壁纸刀	2 把	切割
7	计算器	1 台	材料数量和预算用
8	手持锯弓和配套钢锯条	2 套	PVC 管 / 槽切断用
9	线管剪	1 把	PVC 管裁断用
10	电动起子，转速≤ 600 r/min。包括十字镑头 ø10、ø8 和 ø6 钻头	2 把	螺钉紧固、塑料底盒、线槽、机柜开孔
11	老虎钳 8″	2 把	夹持物件
12	不锈钢角尺 300 mm	1 把	90° 角测量
13	条形水平尺 400 mm	1 把	测量水平和垂直用
14	弯管器（适合 ø20PVC 管）	1 把	ø20PVC 冷弯管成型用

3．软件环境：Windows XP Pro SP3（中文版）、Microsoft Office 2003 SP3（中文版）、Microsoft Office Visio 2007（中文版）、AutoDesk AutoCAD 2008。

4．施工图图纸（纸质、电子稿各一份）。

5．每组材料如表 5-7 所示。

表 5-7　综合布线施工材料列表

序　号	材料名称和规格	数　量
1	3.5 m ø20PVC 管	3
2	40×20PVC 线槽	2
3	20×20PVC 线槽	1
3	86 底盒	15
4	24 口 RJ-45 配线架	3
5	螺钉	1
6	扎带	1
7	线标	1
8	双口面板	6
9	单口面板	9
10	5 类非屏蔽模块	21
11	RJ-45 水晶头	8

任务实施

步骤 1：分析如图 5-76 所示施工图，分工协作。

步骤 2：完成 4 根网络跳线制作。

1 根 568B 线序，长度 400 mm；1 根 568A 线序，长度 500 mm，2 根 568A-568B 线序，长度 600 mm。

步骤 3：安装线管、线槽和底盒。

线管采用ø20PVC 圆管，接头和管卡若干；线槽采用 20×20PVC 线槽和 40×20PVC 线槽，堵头和弯头若干。

第一层所有线槽均采用 40×20PVC 线槽，弯角处使用弯头。1、4 号底盒安装双口面板，2、3、5 号底盒安装单口面板。所有线缆按顺序端接在一层 24 口配线架的 1 ～ 7 号端口。

第二层均采用ø20PVC 圆管，1 ～ 4 号底盒的圆管采用自制弯角，5 号底盒圆管采用接头连接。1、3、5 号底盒安装双口面板，2、4 号底盒安装单口面板。所有线缆按顺序端接在二层 24 口配线架的 1 ～ 8 号端口。

第三层水平线槽采用 40×20PVC 线槽，垂直线槽采用 20×20PVC 线槽，水平线槽端口安装堵头。1、2、4、5 号底盒安装单口面板，3 号底盒安装双口面板。所有线缆按顺序端接在三层 24 口配线架的 1 ～ 6 号端口。

步骤 4：安装 24 口 RJ-45 配线架，铺设线缆。

步骤 5：信息插座端接。

（1）安装要求

安装在墙体上的插座，应高出地面 30 cm，若地面采用活动地板时，应加上活动地板内净高尺寸。固定螺钉需拧紧，不应有松动现象。信息插座应有标签，以颜色、图形、文字表示所接终端设备的类型。

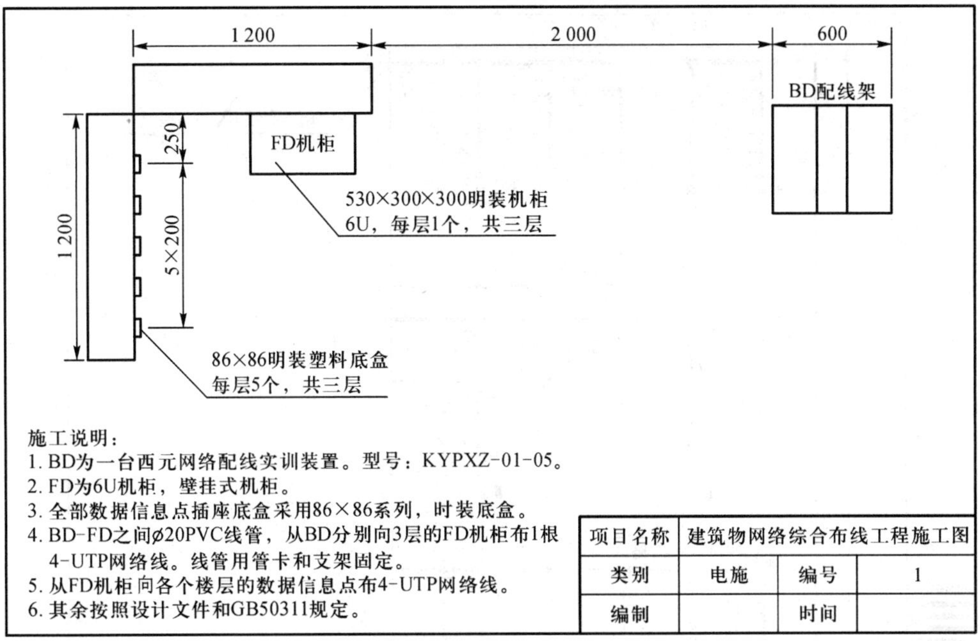
1 200
2 000
600
BD配线架
FD机柜
250
530×300×300明装机柜
6U，每层1个，共三层
1 200
5×200
86×86明装塑料底盒
每层5个，共三层
施工说明：
1. BD为一台西元网络配线实训装置。型号：KYPXZ-01-05。
2. FD为6U机柜，壁挂式机柜。
3. 全部数据信息点插座底盒采用86×86系列，时装底盒。
4. BD-FD之间ø20PVC线管，从BD分别向3层的FD机柜布1根4-UTP网络线。线管用管卡和支架固定。
5. 从FD机柜向各个楼层的数据信息点布4-UTP网络线。
6. 其余按照设计文件和GB50311规定。
项目名称
建筑物网络综合布线工程施工图
类别
电施
编号
1
编制
时间

（a）

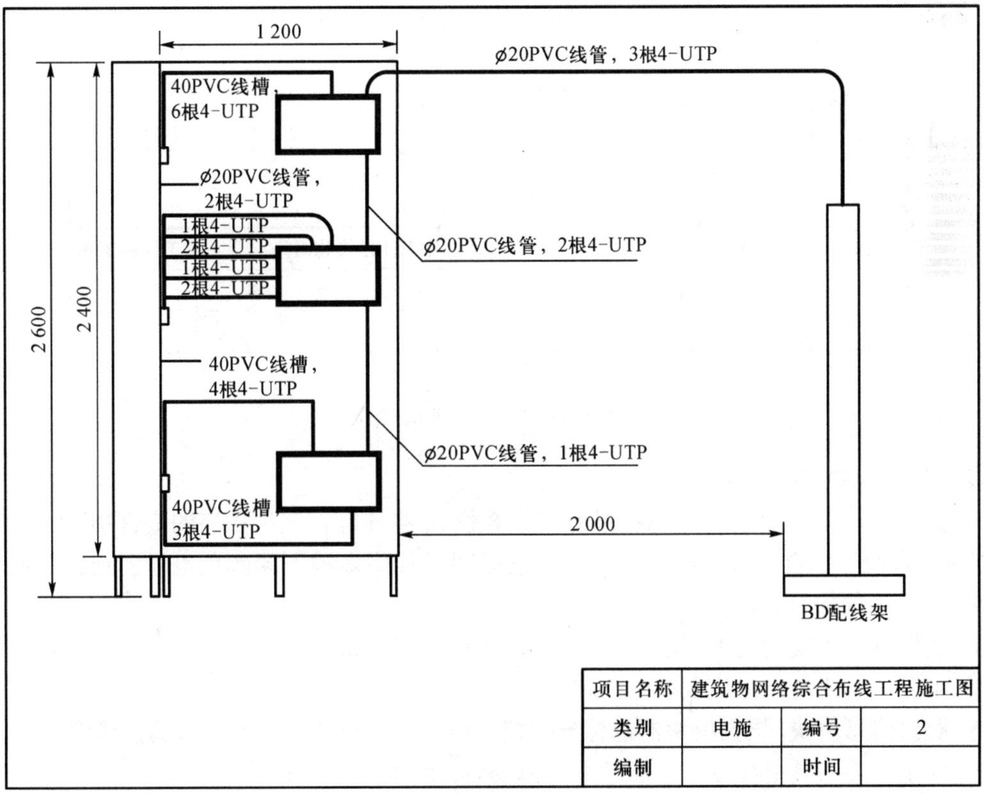
1 200
ø20PVC线管，3根4-UTP
40PVC线槽，
6根4-UTP
ø20PVC线管，
2根4-UTP
1根4-UTP
2根4-UTP
1根4-UTP
2根4-UTP
ø20PVC线管，2根4-UTP
2 600
2 400
40PVC线槽，
4根4-UTP
ø20PVC线管，1根4-UTP
40PVC线槽，
3根4-UTP
2 000
BD配线架
项目名称
建筑物网络综合布线工程施工图
类别
电施
编号
2
编制
时间

（b）

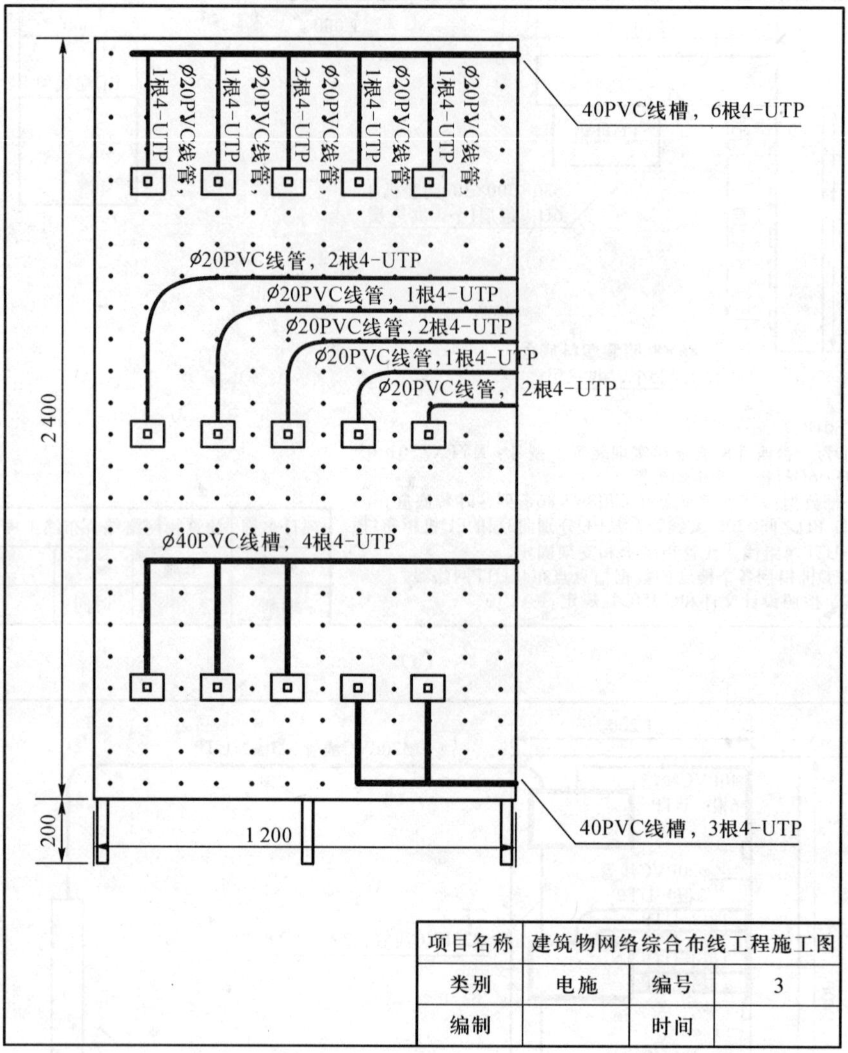

（c）

图 5-76 综合布线施工图

（2）信息模块端接

信息插座分为单孔和双孔，每孔都有一个 8 位 /8 路插针。这种插座的高性能、小尺寸及模块化特点，为设计综合布线提供了灵活性。它采用了标明多种不同颜色电缆所连接的终端，保证了快速、准确的安装。

① 从信息插座底盒孔中将双绞电缆拉出约 20 ～ 30 cm。

② 用环切器或斜口钳从双绞电缆剥除 10 cm 的外护套。

③ 取出信息模块，根据模块的色标分别把双绞线的 4 对线缆压到合适的插槽中。

④ 使用打线工具把线缆压入插槽中，并切断伸出的余缆。

⑤ 将制作好的信息模块扣入信息面板上，注意模块的上下方向。

⑥ 将装有信息模块的面板放到墙上，用螺钉固定在底盒上。

⑦ 为信息插座标上标签，标明所接终端类型和序号。

步骤6：24口配线架端接。

首先把配线架按顺序依次固定在墙柜的垂直滑轨上，用螺钉上紧。

（1）在端接线对之前，首先要整理线缆。用扎带将线缆缠绕在配线架的导入边缘上，最好是将线缆缠绕固定在垂直通道的挂架上，这可保证在线缆移动期间避免线对变形。

（2）从右到左穿过线缆，并按背面数字的顺序端接线缆。

（3）对每条线缆，切去所需长度的外皮，以便进行线对的端接。

（4）对于每一组连接块，设置线缆通过末端的保持器（或用扎带扎紧），这使得线对在线缆移动时不会变形。

（5）当弯曲线对时，要保持合适的张力，以防毁坏单个的线对。

（6）对捻必须正确地安置到连接块的分开点上，这对于保证线缆的传输性能是很重要的。

（7）开始把线对按顺序依次放到配线板背面的索引条中，从右到左的色码依次为紫、紫/白、橙、橙/白、绿、绿/白、蓝、蓝/白。

（8）用手指将线对轻压到索引条的夹中，使用打线工具将线对压入配线模块并将伸出的导线头切断，然后用锥形钩清除切下的碎线头。

（9）将标签插到配线模块中，以标示此区域。

知识链接

在安装过程中需要考虑以下几方面因素。

（1）电缆拉伸张力

不要超过电缆制造商规定的电缆拉伸张力。张力过大会使电缆中的线对绞距变形，严重影响电缆抑制噪声的能力，严重影响电缆的结构化回波损耗，这会改变电缆的阻抗，损害整体回波损耗性能。这些因素是高速局域网系统（如千兆位以太网）传输中的重要因素。此外，超过电缆拉伸张力还可能会导致线对散开，可能会损坏导线。

（2）电缆弯曲半径

避免电缆过度弯曲，因为这会改变电缆中线对的绞距。如果弯曲过度，线对可能会散开，导致阻抗不匹配及不可接受的回波损耗性能。另外，这可能会改变电缆内部4个线对绞距之间的关系，进而导致噪声抑制问题。各电缆制造商都建议，电缆弯曲半径不得低于安装后的电缆直径的8倍。

（3）电缆压缩

避免使电缆扎线带过紧而压缩电缆。电缆过紧会使电缆内部的绞线变形，影响其性能，一般会使回波损耗更明显地处于不合格状态。回波损耗的效应积累起来，每个过紧的电缆扎线对都会提高总损耗。较好的方法是保证在使用电缆扎线对把电缆捆在一起时，没有出现任何电缆护套变形的情况。

（4）电缆打结

在从卷轴上拉出电缆时，要注意电缆有时可能会打结。如果电缆打结，应该视为电缆损坏，需更换电缆。安装压力会使安装人员弄直电缆结。但是，损坏已经发生，在电缆测试时会发现这一点。

（5）成捆电缆中的电缆数量

在任意数量的电缆以很长的平行长度捆在一起时，具有相同绞距的成捆电缆中不同电缆的线对电容耦合（如蓝线对到蓝线对），会导致串扰明显提高，这称为“外来串扰”。消除外来串扰不利影响的最佳方式是最大限度地降低长并行线缆的长度，以伪随机方式安装成捆电缆。

任务拓展

根据施工图纸制作信息点端口对应表。

任务评价

通过本任务的学习，给自己的学习打个分吧。

评分内容	分值	自评分	小组评分
能看懂、理解施工图纸	10		
能正确制作 568A、568B 两类跳线	20		
能使用工具切割、安装线槽和线管	30		
能正确打线、铺设线缆	30		
3 个人合理分工，相互协作	10		
合计	100		

工作任务 3 配线间交换机设置

任务描述

前面任务中我们已经将该公司的网络布线设计完成，接下来需要对该公司的配线间的交换机进行配置，设置局域网。公司共有 3 层楼，八楼为公司客户服务中心，九楼为销售中心，十楼为行政、采购部门。现在需要将 3 层楼分别划分为 3 个局域网，以方便管理和安全保障。

任务准备

1. 每组 3 台二层交换机，1 台三层交换机，型号牌自定，如 Cisco 2960、Cisco 3560 均可。
2. 跳线若干。
3. 每组 1 台以上 PC，有 1 个以上串口，并安装有“超级终端”程序。

4. 标准机架 1 台。

任务实施

步骤 1： 安装交换机到机架如图 5-77 所示。

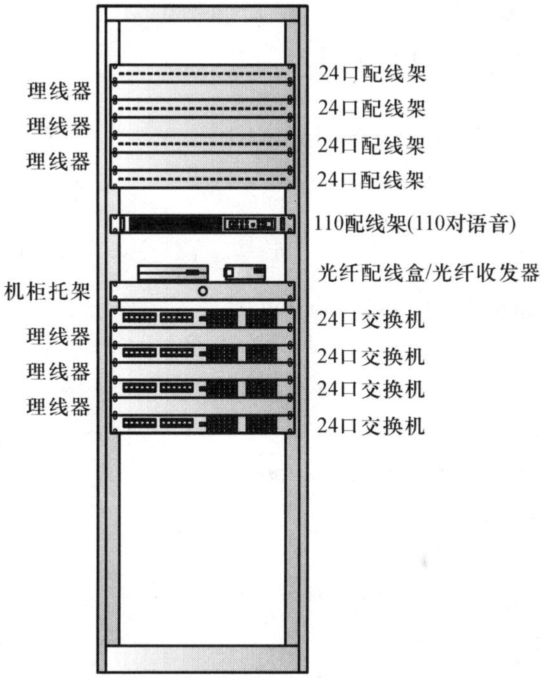

图 5-77　机架安装

步骤 2： 假设核心交换机名称为 com；分支交换机分别为 par1、par2、par3，分别通过 port 1 的光纤模块与核心交换机相连；并且假设 VLAN 名称分别为 counter、market、managing。

第 1 步：设置 vtp domain（称为管理域）。

```
com#vlan database                 // 进入 vlan 配置模式
com(vlan)#vtp domain com          // 设置 vtp 管理域名称 com
com(vlan)#vtp server              // 设置交换机为服务器模式
par1#vlan database                // 进入 vlan 配置模式
par1(vlan)#vtp domain com         // 设置 vtp 管理域名称 com
par1(vlan)#vtp client             // 设置交换机为客户端模式
par2#vlan database                // 进入 vlan 配置模式
par2(vlan)#vtp domain com         // 设置 vtp 管理域名称 com
par2(vlan)#vtp client             // 设置交换机为客户端模式
par3#vlan database                // 进入 vlan 配置模式
par3(vlan)#vtp domain com         // 设置 vtp 管理域名称 com
par3(vlan)#vtp client             // 设置交换机为客户端模式
```

注意：这里设置核心交换机为 server 模式是指允许在该交换机上创建、修改、删除 VLAN 配置及其他一些对整个 vtp 域的配置参数，同步本 vtp 域中其他交换机传递来的最新的 vlan 信息；client 模式是指本交换机不能创建、删除、修改 VLAN 配置，也不能在 nvram 中存储 VLAN 配置，但可同步由本 vtp 域中其他交换机传递来的 VLAN 信息。

第 2 步：配置中继。为了保证管理域能够覆盖所有的分支交换机，必须配置中继。

在核心交换机端配置如下：

```
com(config)#interface gigabitethernet 2/1
com(config-if)#switchport
com(config-if)#switchport trunk encapsulation isl           // 配置中继协议
com(config-if)#switchport mode trunk
com(config)#interface gigabitethernet 2/2
com(config-if)#switchport
com(config-if)#switchport trunk encapsulation isl           // 配置中继协议
com(config-if)#switchport mode trunk
com(config)#interface gigabitethernet 2/3
com(config-if)#switchport
com(config-if)#switchport trunk encapsulation isl           // 配置中继协议
com(config-if)#switchport mode trunk
```

在分支交换机端配置如下：

```
par1(config)#interface gigabitethernet 0/1
par1(config-if)#switchport mode trunk
par2(config)#interface gigabitethernet 0/1
par2(config-if)#switchport mode trunk
par3(config)#interface gigabitethernet 0/1
par3(config-if)#switchport mode trunk
```

第 3 步：创建 VLAN。

```
com(vlan)#vlan 10 name counter     // 创建了一个编号为 10 名字为 counter 的 VLAN
com(vlan)#vlan 11 name market      // 创建了一个编号为 11 名字为 market 的 VLAN
com(vlan)#vlan 12 name managing    // 创建了一个编号为 12 名字为 managing 的 VLAN
```

第 4 步：将交换机端口划入 VLAN。

例如，要将 par1、par2、par3 等分支交换机的端口 1 划入 counter，将端口 2 划入 market，将端口 3 划入 managing ……

```
par1(config)#interface fastethernet 0/1            // 配置端口 1
par1(config-if)#switchport access vlan 10          // 归属 counter VLAN
par1(config)#interface fastethernet 0/2            // 配置端口 2
par1(config-if)#switchport access vlan 11          // 归属 market VLAN
par1(config)#interface fastethernet 0/3            // 配置端口 3
par1(config-if)#switchport access vlan 12          // 归属 managing VLAN
```

```
par2(config)#interface fastethernet 0/1          // 配置端口 1
par2(config-if)#switchport access vlan 10        // 归属 counter VLAN
par2(config)#interface fastethernet 0/2          // 配置端口 2
par2(config-if)#switchport access vlan 11        // 归属 market VLAN
par2(config)#interface fastethernet 0/3          // 配置端口 3
par2(config-if)#switchport access vlan 12        // 归属 managing VLAN
par3(config)#interface fastethernet 0/1          // 配置端口 1
par3(config-if)#switchport access vlan 10        // 归属 counter VLAN
par3(config)#interface fastethernet 0/2          // 配置端口 2
par3(config-if)#switchport access vlan 11        // 归属 market VLAN
par3(config)#interface fastethernet 0/3          // 配置端口 3
par3(config-if)#switchport access vlan 12        // 归属 managing VLAN
```

第 5 步：配置三层交换。

给 VLAN 所有的节点分配静态 IP 地址。

首先在核心交换机上分别设置各 VLAN 的接口 IP 地址。核心交换机将 VLAN 作为一种接口对待，就像路由器上的一样，如下所示：

```
com(config)#interface vlan 10
com(config-if)#ip address 192.168.1.1 255.255.255.0          //vlan10 接口 IP
com(config)#interface vlan 11
com(config-if)#ip address 192.168.2.1 255.255.255.0          //vlan11 接口 IP
com(config)#interface vlan 12
com(config-if)#ip address 192.168.3.1 255.255.255.0          //vlan12 接口 IP
```

知识链接

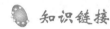

给 VLAN 所有的节点分配动态 IP 地址：首先在核心交换机上分别设置各 VLAN 的接口 IP 地址和同样的 DHCP 服务器的 IP 地址，如下所示：

```
com(config)#interface vlan 10
com(config-if)#ip address 192.168.1.1 255.255.255.0          // 设置 vlan10 接口 IP
com(config-if)#ip helper-address 192.168.0.11                // 设置 DHCP 服务器 IP
com(config)#interface vlan 11
com(config-if)#ip address 192.168.2.1 255.255.255.0          // 设置 vlan11 接口 IP
com(config-if)#ip helper-address 192.168.0.11                // 设置 DHCP 服务器 IP
com(config)#interface vlan 12
com(config-if)#ip address 192.168.3.1 255.255.255.0          // 设置 vlan12 接口 IP
com(config-if)#ip helper-address 192.168.0.11                // 设置 DHCP 服务器 IP
```

再在 DHCP 服务器上设置网络地址分别为 192.168.1.0、192.168.2.0、192.168.3.0 的作用域，并将这些作用域的“路由器”选项设置为对应 VLAN 的接口 IP 地址。这样就可以保证所有的

VLAN也可以互访了。

任务拓展

八楼的市场部和客户服务中心要分别划分一个网络，该怎么做？

任务评价

通过本任务的学习，给自己的学习打个分吧。

评分内容	分值	自评分	小组评分
能正确安装交换机	10		
能使用网线将PC连接到交换机的指定端口	15		
能正确连接配置线	15		
能使用超级终端控制管理交换机	20		
能正确配置交换机实现VLAN的划分	40		
合计	100		

模块小结

通过本模块的学习，我们了解了对不同的网络进行综合布线的步骤，以及管理间设备的基本调试。我们可以通过以下问题对本模块内容进行回顾并进一步提升：

1. 在综合布线中应如何规划信息点？
2. 综合布线中如何制作施工图？
3. 布线过程中有哪些配线架？应如何端接？
4. 管理间的设备VLAN的划分和楼层是如何对应的？

模块 6 公司内外网综合应用

工作任务 1 交换机的 Trunk 应用

任务描述

如图 5-78 所示是一家公司的网络拓结构，根据拓扑图对内网中的核心交换进行 Trunk 设置。

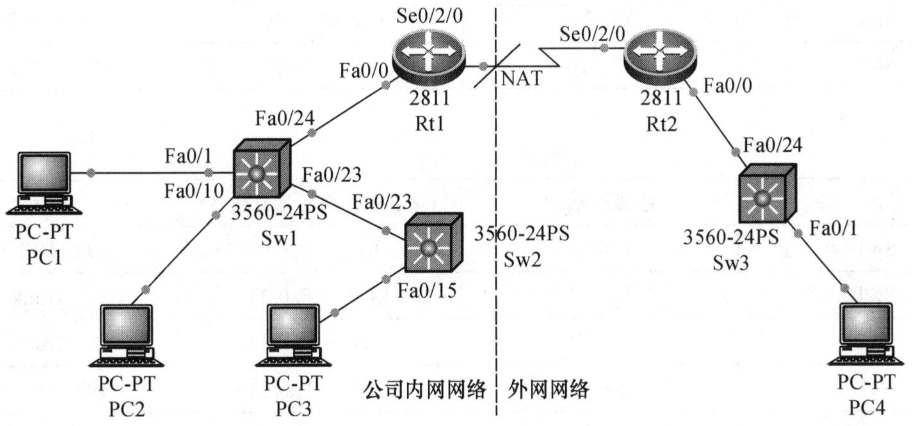

图 5-78　网络拓扑图

任务准备

1. 每组 4 台 PC，装有“超级终端”程序。
2. 三层交换机 Cisco 3560 三台。
3. 路由器 Cisco 2811 两台。

任务实施

步骤 1：配置 IP 地址及端口，见表 5-8 ～表 5-10。

表 5-8 PC IP 地址及端口配置

PC	IP 地址	连接设备及端口号	网　关
PC1	192.168.10.1/24	Sw1 ～ Fa0/1	192.168.10.254
PC2	192.168.20.1/24	Sw1 ～ Fa0/10	192.168.20.254
PC3	192.168.30.1/24	Sw2 ～ Fa0/1	192.168.30.254
PC4	192.168.40.1/24	Sw3 ～ Fa0/1	192.168.40.254

表 5-9 交换机 IP 地址及端口配置

设　备　名	划分的 VLAN 号	划分的端口	IP 地址
Sw1	Vlan10	Fa0/1 ～ 2	192.168.10.254/24
Sw1	Vlan20	Fa0/10 ～ 11	192.168.20.254/24
Sw1	Vlan30	Fa0/15 ～ 16	192.168.30.254/24
Sw2	Vlan10	Fa0/1 ～ 2	192.168.10.253/24
Sw2	Vlan20	Fa0/10 ～ 11	192.168.20.253/24
Sw2	Vlan30	Fa0/15 ～ 16	192.168.30.253/24
Sw3	Vlan10	Fa0/1 ～ 2	192.168.40.254/24

表 5-10 端口对照表

设　备　名	连接的端口	与它连接的设备名及端口号	IP 地址
Sw1	Fa0/24	Rt1 ～ Fa0/0	192.168.1.1/24
Sw1	Fa0/23	Sw2 ～ Fa0/23	Trunk
Sw2	Fa0/23	Sw1 ～ Fa0/23	Trunk
Rt1	Fa0/0	Sw1 ～ Fa0/24	192.168.1.2/24
Rt1	S0/2/0	Rt2 ～ S0/2/0	172.16.1.1/24
Rt2	S0/2/0	Rt1 ～ S0/2/0	172.16.1.2/24
Rt2	Fa0/0	Sw3 ～ Fa0/24	192.168.3.2/24
Sw3	Fa0/24	Rt2 ～ Fa0/0	192.168.3.1/24

步骤 2：配置交换机 Sw1 的端口为 Trunk 模式。

```
Sw1(config)#interface f0/23                          // 设置 Trunk 端口 F0/23
Sw1(config-if)#switchport mode trunk                 // 将一个端口设置成为 Trunk 模式
Sw1(config-if)#switchport trunk allowed vlan all     // 允许所有的 VLAN 通过这个端口
Sw1(config-if)#exit
```

步骤 3：配置交换机 Sw2 的端口为 Trunk 模式。

```
Sw2(config)#interface f0/23
```

```
Sw2(config-if)#switchport mode trunk
Sw2(config-if)#switchport trunk allowed vlan all
Sw2(config-if)#exit
```

知识链接

Trunk 是端口汇聚的意思，通过配置软件的设置，将 2 个或多个物理端口组合在一起成为一条逻辑的路径，从而增加交换机和网络节点之间的带宽，将属于这几个端口的带宽合并，给端口提供一个几倍于独立端口的独享的高带宽。Trunk 是一种封装技术，它是一条点到点的链路，链路的两端可以都是交换机，也可以是交换机和路由器，还可以是主机和交换机或路由器。基于端口汇聚（Trunk）功能，允许交换机与交换机、交换机与路由器、主机与交换机或路由器之间通过两个或多个端口并行连接同时传输以提供更高带宽、更大吞吐量，大幅度提高整个网络能力。

任务拓展

1. 在交换机上配置 Trunk 端口。
2. 利用 Trunk 端口实现负载均衡。

任务评价

通过本任务的学习，给自己的学习打个分吧。

评分内容	分值	自评分	小组评分
了解网络端口设置方法	25		
能熟练进行 Trunk 的设置	35		
掌握 Trunk 应用	40		
合计	100		

工作任务 2　动态路由和静态路由的应用

任务描述

配置路由，使得内网局域网是可以通信的，并且保证外网网络的互通性。要求内网使用 OSPF 协议，外网使用 RIP 协议。

任务准备

1. 每组4台PC，装有"超级终端"程序。
2. 三层交换机Cisco 3560三台。
3. 路由器Cisco 2811两台。

任务实施

步骤1： Sw1的路由设置。

```
Sw1(config)#router ospf 1
Sw1(config-router)#network 192.168.10.0 0.0.0.255 area 0
Sw1(config-router)#network 192.168.20.0 0.0.0.255 area 0
Sw1(config-router)#network 192.168.30.0 0.0.0.255 area 0
Sw1(config-router)#network 192.168.1.0 0.0.0.255 area 0
Sw1(config-router)#exit
```

步骤2： Sw2的路由设置。

```
Sw2(config)#router ospf 1
Sw2(config-router)#network 192.168.10.0 0.0.0.255 area 0
Sw2(config-router)#network 192.168.20.0 0.0.0.255 area 0
Sw2(config-router)#network 192.168.30.0 0.0.0.255 area 0
Sw2(config-router)#exit
```

步骤3： Sw3的路由设置。

```
Sw3(config)#router rip
Sw3(config-router)#version 2
Sw3(config-router)#network 192.168.40.0
Sw3(config-router)#network 192.168.3.0
Sw3(config-router)#exit
```

步骤4： Rt1的路由设置。

```
Rt1(config)#ip route 0.0.0.0 0.0.0.0 172.16.1.2
Rt1(config)#router ospf 1
Rt1(config-router)#network 192.168.1.0 0.0.0.255 area 0
Rt1(config-router)#redistribute static subnets
                                    //把静态路由进行重发布（使得内网可以认识到这条路由）
Rt1(config-router)#default-information originate
                                    //配置默认路由（使得内网用户要访问外网都走这条路由）
Rt1(config-router)#exit
```

步骤 5: Rt2 的路由设置。

Rt2 的路由设置:

```
Rt2(config)#router rip
Rt2(config-router)#version 2            // 设置版本为第二版
Rt2(config-router)#network 192.168.3.0
Rt2(config-router)#network 172.16.1.0
Rt2(config-router)#exit
```

知识链接

一般来说，一个组织很少只使用一个路由协议，如果同时运行了多个路由协议，就必须采取一种方式来将一个路由协议的信息发布到另一个路由协议中去，这就要用到重发布的技术。重发布的原理：将一种路由选择协议获悉的网络告知另一种路由选择协议，以便网络中每台工作站能到达其他的任何一台工作站。重发布只能在针对同一种第三层协议的路由选择进程之间进行，也就是说，OSPF、RIP、IGRP 等之间可以重发布，因为它们都是属于 TCP/IP 协议栈的协议，而 AppleTalk 或者 IPX 协议栈的协议与 TCP/IP 协议栈的路由选择协议就不能相互重发布路由了。

任务拓展

拓扑图如图 5-79 所示，在 R3 上分别启用 RIP 与 EIGRP，R2 上启用 EIGRP，R3 把从 RIP 学到的路由注入 EIGRP 的路由域中，而 R2 学不到 EIGRP 的路由。

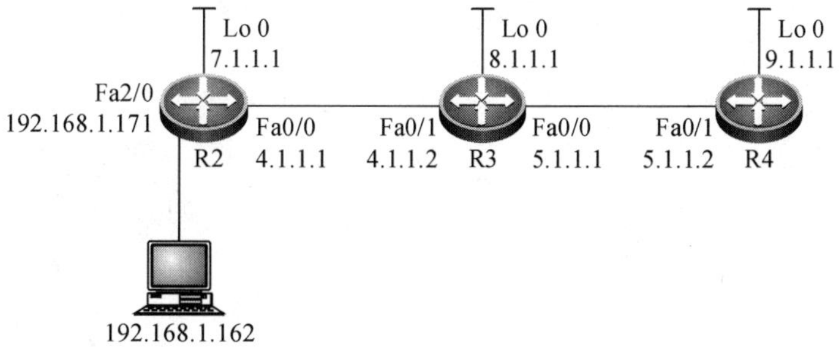

图 5-79　配置路由重发布

任务评价

通过本任务的学习，给自己的学习打个分吧。

评 分 内 容	分 值	自 评 分	小 组 评 分
掌握静态路由的原理	10		
掌握 RIP 的应用	20		
掌握 OSPF 的应用	20		
掌握 EIGRP 的应用	20		
能对路由进行重发布	30		
合计	100		

模块小结

通过本模块的学习，我们了解了网络设备中的端口类型、Trunk 的应用和路由重发布。我们可以通过以下问题对本模块内容进行回顾并进一步提升：

1．网络设备中的端口类型有哪几种？

2．如何利用 Trunk 进行负载均衡配置？

3．如何进行路由重发布？

模块 7

网络故障的判断和维修

工作任务 网络常用故障判断及维修

任务描述

你作为网络维护商，需要为客户（某公司）解决不能上网的一系列问题。

任务准备

1. 测线仪一台。
2. 网线制作工具。
3. 网线一段、水晶头若干。

任务实施

步骤 1：查看线序，确定属于哪种布线标准。

步骤 2：查看设备连接使用网线的情况。

（1）查看计算机与计算机的连线（应使用交叉缆）。

（2）查看计算机与交换机的连线（应使用直通缆）。

（3）查看交换机与交换机的连线（应使用交叉缆）。

（4）查看交换机与路由器的连线（应使用直通缆）。

（5）查看路由器与路由器的连线（应使用交叉缆）。

（6）查看计算机与路由器的连线（应使用交叉缆）。

步骤 3：网络介质故障判断及排除。

（1）网线用错

如果安装线缆时用错网线，就会导致网络不通。

查找方法：如果网线裸露在外，只要把网线的两头对在一起，就很容易发现此网线是直通缆还是交叉缆。如果网线已经布好就需要用测线仪来进行测量了。

解决方案：发现网线用错就换一根正确的网线，或换一个水晶头（记得更改线序）。

（2）网线折断

当网络不通时，有可能是网线折断或接触不良。

查找方法：使用电缆 / 光缆测试仪或数字万用表探查线路是否有故障。

解决方案：找到折断的网线，将此网线替换。

步骤4： 网卡的故障判断及排除。

（1）网卡端口接触不良

客户端或服务器的网卡接口接触不良，会造成有一方无法进行通信。

查找方法：确定网线、交换机和路由器都没有问题后，如果客户端还 ping 不通服务器，首先测试本地客户端的网卡，再测试服务器的网卡。首先在客户端上确定其 IP 地址配置没有问题，然后重新插拔一下连接的网线，查看其他计算机能否 ping 通本地客户端，如果可以，再用本地客户端 ping 通服务器，如果能 ping 通，证明客户端的网卡有问题。

如果通过前面的实验，发现本地客户端能够与其他计算机通信，问题就有可能出现在服务器上。首先在服务器上确定其 IP 地址配置没有问题，然后重新插拔一下连接的网线，查看其他计算机能否 ping 通服务器，如果能 ping 通，证明服务器的网卡有问题。

（2）网卡损坏

如果网卡的芯片损坏，网络中的计算机无法通信。

查找方法：如果通过上面的方法，重新插拔网先后问题依旧存在，首先在客户端上确定其 IP 地址配置没有问题，然后更换一块网卡，查看其他计算机能否 ping 通本地客户端，如果可以，再用本地客户端 ping 服务器，如果成功，证明客户端的网卡芯片有问题。

如果通过上面的实验发现本地客户端能够与其他计算机通信，问题就有可能出现在服务器上。首先在客户端上确定其 IP 地址配置没有问题，然后更换一块网卡，查看其他计算机能否 ping 通服务器，如果通信成功，证明服务器网卡有问题。

上述两种故障的解决方案：更换网卡。

步骤5： 交换机和路由器故障。

经过上面步骤检查下来，如果没有发现问题，那么下一步需要测试的对象就是设备了。如果路由器和交换机出了问题，同样会导致网络无法通信。

检查设备与计算机连接的接口是否配置错误，并检查设备的接口是否损坏。检查设备连接的接口 IP 是否配置正确并检查接口应用的协议是否统一。查看路由表，查看学习到的路由是否完整。

解决方案：换一个接口连接计算机，更改设备之间的 IP 地址，并更改协议使其统一。添加缺少的路由，使计算机与设备通信。

知识链接

网络故障可以分为线路故障、路由故障和主机故障。

1．线路故障

线路故障最常见的情况就是线路不通，诊断这种情况首先检查该线路上流量是否还存在，然后用 ping 命令检查线路远端的路由器端口能否响应，用 traceroute 检查路由器配置是否正确，找出问题逐个解决。

2．路由器故障

线路故障中很多情况都涉及路由器，因此也可以把一些线路故障归结为路由器故障。检测这种故障，需要利用 MIB 变量浏览器收集路由器的路由表、端口流量数据、计费数据、路由器 CPU 的温度、负载以及路由器的内存余量等数据，通常情况下网络管理系统有专门的管理进程不断地检测路由器的关键数据，并及时给出报警。而路由器 CPU 利用率过高和路由器内存余量太小都将直接影响到网络服务的质量。要解决这种故障，只有对路由器进行升级、扩大内存等，或者重新规划网络拓扑结构。

3．主机故障

主机故障常见的现象就是主机的配置不当。例如主机配置的 IP 地址与其他主机冲突，或 IP 地址根本就不在子网范围内，由此导致主机无法连通。主机的另一故障就是安全故障。比如，主机没有控制其上的 finger、RPC、rlogin 等多余服务，而攻击者可以通过这些多余进程的正常服务或 bug 攻击该主机，甚至得到 Administrators 的权限等。值得注意的一点就是，不要轻易共享本机硬盘，因为这将导致恶意攻击者非法利用该主机的资源。发现主机故障一般比较困难，特别是别人恶意的攻击。一般可以通过监视主机的流量或扫描主机端口和服务来防止可能的漏洞。

任务拓展

局域网故障常用的诊断命令如下。

1．ping 命令

ping 命令在检查网络故障中使用广泛，它通过向计算机发送 ICMP 回应报文并且监听回应报文的返回，以校验与远程计算机或本地计算机的连接，主要是用来检查网络连接是否畅通。它的使用格式是在命令提示符下输入：“ping IP 地址或主机名”，执行结果显示响应时间，重复执行这个命令，可以发现 ping 报告的响应时间是不同的，这主要取决于网络实时的繁忙程度。

2．ipconfig 命令

ipconfig 命令采用 Windows 窗口的形式来显示 IP 协议的配置信息，如果 ipconfig 命令后面不跟任何参数直接运行，程序将会在窗口中显示网络适配器的物理地址、主机的 IP 地址、子网掩码以及默认网关等，还可以列出主机的相关信息，如主机名、DNS 服务器、节点类型等。

3．netstat 命令

netstat 命令可以帮助了解网络的整体运行情况，用于显示与 IP、TCP、UDP 和 ICMP 协议相关的统计数据，检验本机各端口的网络连接情况。例如，它可以显示当前的网络连接、路由表和网络接口信息，可以让管理员得知目前总共有哪些网络连接正在运行等。

4．tracert 命令

tracert 命令用于检查网络路径连通性问题，主要用来显示数据包到达目的主机所经过的路径，并记录显示数据包经过的中继节点清单和到达时间。tracert 命令显示用于将数据包从计算机传递到目标位置的一组 IP 路由器，以及每个跃点所需的时间。

任务评价

通过本任务的学习，给自己的学习打个分吧。

评分内容	分值	自评分	小组评分
能进行网络介质故障判断和维修	20		
能进行网卡的故障判断和维修	20		
能进行路由与交换设备的判断和维修	30		
能进行综合故障的判断和维修	30		
合计	100		

模块小结

通过本模块的学习，我们了解了常用的网络故障的判断和维修。可以通过以下问题对本模块内容进行回顾并进一步提升：

1. 常用的网络故障有哪些类型？
2. 网络介质的故障判断和维修方法是什么？
3. 网卡的故障的判断和维修方法是什么？
4. 网络设备的故障的判断和维修方法是什么？

郑重声明

短信防伪说明

本图书采用出版物短信防伪系统，用户购书后刮开封底防伪密码涂层，将16位防伪密码发送短信至106695881280，免费查询所购图书真伪，同时您将有机会参加鼓励使用正版图书的抽奖活动，赢取各类奖项，详情请查询中国扫黄打非网（http://www.shdf.gov.cn）。

反盗版短信举报

编辑短信“JB，图书名称，出版社，购买地点”发送至10669588128

短信防伪客服电话

(010) 58582300

学习卡账号使用说明

本书所附防伪标兼有学习卡功能，登录“http://sve.hep.com.cn”或“http://sv.hep.com.cn”进入高等教育出版社中职网站，可了解中职教学动态、教材信息等；按如下方法注册后，可进行网上学习及教学资源下载：

(1) 在中职网站首页选择相关专业课程教学资源网，点击后进入。

(2) 在专业课程教学资源网页面上“我的学习中心”中，使用个人邮箱注册账号，并完成注册验证。

(3) 注册成功后，邮箱地址即为登录账号。

学生：登录后点击“学生充值”，用本书封底上的防伪明码和密码进行充值，可在一定时间内获得相应课程学习权限与积分。学生可上网学习、下载资源和提问等。

中职教师：通过收集5个防伪明码和密码，登录后点击“申请教师”→“升级成为中职计算机课程教师”，填写相关信息，升级成为教师会员，可在一定时间内获得授课教案、教学演示文稿、教学素材等相关教学资源。

使用本学习卡账号如有任何问题，请发邮件至：“4a_admin_zz@pub.hep.cn”。